国家"十三五"重点规划图书

标准进万家系列

叫醒消费者：

常用电器质量与安全

北京出入境检验检疫局 组织编写

张钢 杨猛 赵靖敏 刘扬 编著

U0304644

中国质检出版社
中国标准出版社
北 京

图书在版编目（ＣＩＰ）数据

叫醒消费者：常用电器质量与安全 ／ 张钢，杨猛，赵靖敏，
刘扬编著. — 北京：中国标准出版社，2017.3（2022.12 重印）
（大质量 惠天下——全民质量教育图解版科普书系）
ISBN 978-7-5066-8244-2

I.①叫… II.①张… ②杨… ③赵…④刘… III.①日用电气器
具— 质量管理—问题解答②日用电气器具—安全管理
—问题解答 IV. ① TM925-44

中国版本图书馆 CIP 数据核字（2016）第 075407 号

叫醒消费者：常用电器质量与安全

出版发行：中国质检出版社发行中心
地　　址：北京市朝阳区和平里西街甲2号（100029）
　　　　　北京市西城区三里河北街16号(100045)

电　话：总编室：（010）68533533　　　发行中心：（010）51780238
　　　　　读者服务部：（010）68523946
网　　址：www.spc.net.cn
印　　刷：北京博海升彩色印刷有限公司印刷
开　　本：880×1230　1/32

字　　数：90千字
版　　次：2017年3月第1版
书　　号：ISBN 978-7-5066-8244-2
定　　价：20.00元

印张：3.875
2022年12月第4次印刷

出版说明

　　质量,一个老百姓耳熟能详的字眼,一个经济社会发展须臾不可分离的关键要素。质量关系民生福祉,关系国家形象,关系可持续发展。

　　党的十八大以来,以习近平同志为核心的党中央高度重视质量问题,明确提出要把推动发展的立足点转到提高质量和效益上来,突出强调坚持以提高发展质量和效益为中心。习近平总书记针对质量问题发表了一系列重要论述,尤其是在阐述供给侧结构性改革中,反复强调提高供给质量的极端重要性。李克强总理对质量也高度重视,强调质量发展是"强国之基、立业之本、转型之要"。

　　为了宣传质量知识,使全社会积极参与到质量强国的建设事业中来,中国质检出版社(中国标准出版社)邀请相关政府机构、科研院所、科普工作者等合力打造了《大质量　惠天下——全民质量教育图解版科普书系》。本书系已列为国家"十三五"重点规划图书,成为提升全民科学文化素质的出版物的重要组成部分。本书系采用开放式的架构，以质量、安全为核心，结合环保、健康、安全等热点,内容涵盖"四大质量基础"(标准、计量、认证认可、检验检测)、"四大安全"(国门安全、食品安全、消费品安全、特种设备安全),涉及"衣""食""住""行""游""学""用"等，集科学性、通俗性和趣味性为一体，采用平实生动的文字和新颖活泼的版面，使百姓在生活中认识质量、重视质量，掌握必要的质量知识和基本方法，增强运用质量知识处理实际问题的能力，并提升生活品质。

　　质量一头连着供给侧,一头连着消费侧。提升质量是供给侧结构性改革的发力点、突破口。我们希望通过本系列图书为大众普及质量知识尽绵薄之力，也期待质量知识的传播使企业发扬工匠精神，狠抓产品质量提升，让老百姓有更多的"质量获得感"，让全社会分享更多的"质量红利"！

中国质检出版社

中国标准出版社

2017 年 2 月

前　言

　　随着经济社会的发展和科学技术的进步，百姓的生活质量有了很大提升，家家都离不开冰箱、彩电、洗衣机，人人都用手机、电脑、打印机。电器产品已融入了百姓的生活，为百姓的娱乐、生活和工作提供了极大的便利。生活中，没有人不会开电视，没有人不会用电热淋浴器。但恰恰是我们耳熟能详的这些电器产品伤人的事故屡见报端：手机充电时爆炸起火、用电热水器洗澡时触电身亡、洗衣机意外启动旋转致死孩童……，这些惨痛的事故有些是由产品本身的质量问题造成的，还有很多是由于使用方法的不正确造成的。

　　每款电器产品都有厚厚的说明书，但由于说明书使用专业语言，缺少趣味性，很难引发用户的阅读兴趣。为了便于使用这些电器，本书力图集科学性、通俗性和趣味性为一体，介绍CCC标识、中国能效标识、中国节能认证标识等的含义，介绍不同型式的插头代表的不同含义，介绍怎么样去选购空调、空调的安装及维护应关注什么等许多电器常识，介绍范围包括了家用电器类产品、信息处理类产品和音视频播放类产品。

　　本书所介绍的知识来源于编者多年的电器产品检测经验，实用易懂。本书采用图文并重、一问一答的表现形式，文字与图画配合，易懂、易看，能够在读者中普及电器产品质量安全常识。

　　编写这样一本知识普及性读物，是我们的一次新的探索和尝试，书中不当之处再所难免，敬请读者指正。

编著者
2017年1月

目　录

一、热点事件

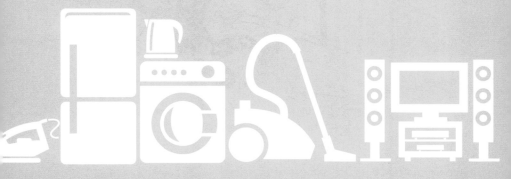

1. 热水器电击伤害

2014年12月，广州白云区同和镇发生一起热水器漏电电击致死案，受害人还是一名高级电工。洗澡时花洒喷出来的自来水竟然带电，关掉电闸后，热水器竟仍带电。

2013年9月20日晚8时许，李某、周某在家中使用浙江某科技公司生产的电热水器洗澡时，意外死亡。经医院诊断：死亡原因为电击伤，致使呼吸、心跳停止。

2. 手机电池爆炸伤害

　　2014年元旦深夜，杭州萧山一场大火惊醒了整个城市，也烧痛了所有市民，大火中一家母子四人全部葬身火海，令人悲痛不已。据悉，同年5月29日，杭州市召开了全市消防安全工作会议，会上公布了元旦那场火灾原因的调查结果：一部山寨手机，在充电时电池发生爆炸而引发火灾。

　　2015年5月5日，永川市民谢师傅接完一通电话后，把手机放在外套口袋里，没想到一分多钟后，"嘭"的一声，手机爆炸了，还把衣服炸了个洞，所幸脱衣服及时的谢师傅没有受伤。

3. 洗衣机意外启动伤害

2013年，某品牌洗衣机意外启动旋转导致南昌女童死亡。

　　类似惨痛的事件太多，在此不再一一列举了。那么这些惨痛的事故带给我们什么样的启示呢？如何才能保证消费者安全地购买、使用、维护家里的电器呢？本书将从各个方面详细地告诉您各种电器安全使用的要点，保护大家的生命和健康！

二、基础知识

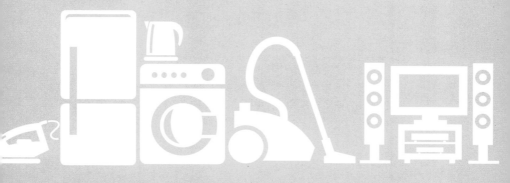

4. 消费者常用电器分类

	家用电器类	信息处理类	音视频播放类
主要产品	**环境用** 空调、加湿器、空气净化器、电暖气、电热毯、吸尘器、电风扇等 **服装用** 洗衣机、电熨斗 **厨房用** 冰箱、电饭锅、电压力锅、微波炉、烤箱、榨汁机、面包机、净水器、洗碗机、饮水机、电磁灶、吸油烟机等 **个人清洁护理用** 电热水器、电吹风、直发器、按摩器、电热暖宝、烘脚器、电子坐便器等	手机、笔记本电脑、PAD、台式计算机、电子相框、打印机、电源适配器、锂电池、无线路由器等	电视机、音响、有源音箱、机顶盒、DVD、功放等
安全标准	GB 4706《家用和类似用途电器的安全》系列标准等	GB 4943.1《信息技术设备 安全 第1部分：通用要求》等	GB 8898《音频、视频及类似电子设备安全要求》等

5. 国内外常见电器标识

国家强制性产品认证 （China Compulsory Certification）

它是我国政府为保护广大消费者人身安全和动植物生命安全，保护环境，保护国家安全，依照法律法规实施的一种产品合格评定制度，它要求产品必须符合国家标准和技术法规。

有《强制性产品认证目录》范围，只对目录内的产品施行CCC认证。

详见网址：http://www.cnca.gov.cn

中国能效标识 （China Energy Label）

又称能源效率标识，是表示用能产品能源效率等级等性能指标的一种信息标识，属于产品符合性标志的范畴。样式如右，分5级和3级两种。附在耗能产品或其最小包装物上，为消费者的购买决策提供必要的信息，以引导和帮助消费者选择高能效节能产品。

有备案产品范围，只要求范围内的产品生产企业进行能效备案，属政府强制性措施，企业无需交费。

详见网址：http://www.energylabel.gov.cn

中国节能认证 （Energy Conservation Certification）

它是依据我国相关的节能产品认证标准和技术要

求，按照产品质量认证规定与程序，经节能产品认证机构确认并通过后颁布认证证书和节能标志。

有认证范围，属于自愿认证。

详见网址：http://www.cqc.com.cn

CQC标识认证

它是中国质量认证中心开展的自愿性产品认证业务之一，以加施CQC标识的方式表明产品符合相关的质量、安全、性能、电磁兼容等认证要求，认证范围涉及机械设备、电力设备、电器、电子产品、纺织品、建材等500多种产品。

CE标识 (Conformite Europeenne)

它是一种宣称产品符合欧盟相关指令的标识。有适用范围，是欧盟成员国对销售产品的强制性要求。

详见网址：http://ec.europa.eu/enterprise/policies/single-market-goods/cemarking/index_en.htm

UL标识 (Underwriter Laboratories Inc.)

美国保险商试验所(UL)主要从事产品的安全认证和经营安全证明业务,其最终目的是促使市场销售的产品具有相当的安全水准,保证人身健康和财产安全,不论是从美国出口或进入美国市场的产品都必须有该标志。

有认证范围，属美国自愿认证。

详见网址：http://ul.com/

6. 危险与安全

产品在消费者使用的过程中，即产品的正常使用寿命中，可能对使用者和周围环境造成的危险，一般认为包括以下七个方面：

电击危险　与热有关的危险

与能量有关的危险　化学危险

着火危险　机械危险

辐射危险　……

安全，即不存在不可接受的风险。为了达到安全的目标，就要采取措施。安全"防护措施"，实际上就是一种"降低风险的方法"。采取了一定的防护措施从而使风险降低至可接受范围内的产品，我们认为是安全的。

不可能有绝对的安全，安全是相对的。大多数人认为或能接受的相对安全的危险性，就成了当代社会可接受的安全水平。是安全还是危险，是由当代的科技进步水平、经济基础和人民的安全心理素质来判断和决定的。

由于产品的安全性与其用途和使用环境密切相关，任何一个产

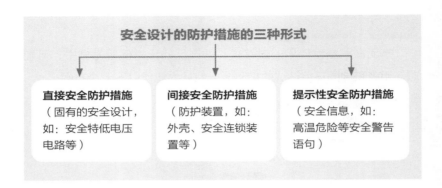

安全设计的防护措施的三种形式

直接安全防护措施	间接安全防护措施	提示性安全防护措施
（固有的安全设计，如：安全特低电压电路等）	（防护装置，如：外壳、安全连锁装置等）	（安全信息，如：高温危险等安全警告语句）

品的安全要求都是在一定使用条件下制定的，也就是说产品的安全是有前提条件的。例如：产品使用的适宜环境是室内还是室外？适宜的海拔是2000米以下还是5000米以下？适宜的气候是热带还是非热带？适宜的电压是110伏还是220伏？

（1）电击的成因

电击是最普遍、最直接的电气危险！它是由于电流通过人体而造成的，其引起的生理反应取决于电流值的大小、持续时间及其通过人体的路径。电流值取决于施加的电压、电源的阻抗和人体的阻抗。人体的阻抗依次取决于接触面积、接触区域的湿度及施加的电压和频率。大约0.5毫安的电流就能使健康的人体内产生反应，而且

这种不知不觉的反应可能会导致间接的伤害。电流再大些时，就会产生直接的影响，例如烧伤、肌肉痉挛导致无法摆脱或心室的纤维性颤动。

（2）不同的插头型式有什么区别？哪个更安全？

常见的电器插头有两种型式，一种是两个插脚的，一种是三个插脚的，如下图所示。

两插和三插的插头适用于两种不同设计思路的电器

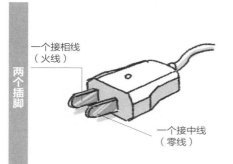

一个接相线
（火线）

一个接中线
（零线）

两个插脚

两插的插头用于基本绝缘加附加绝缘来保证安全的电器（其铭牌中可见到"回"符号，表示双重绝缘，如上图）。

 三个插脚

中间那个是接地线用的

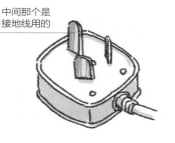

三插的插头用于基本绝缘加接地的方式来保证安全的电器。

　　两者间没有安全等级的差异。但是在没有接地、接地不良好或假接地的情况下，电器没有了接地的第二重保护，只剩下基本绝缘一重保护，显然是不够安全的。而带"回"形标的两插电器则不需要依赖外部接地线的保护，显然更安全一些。例如：我国有些房屋，特别是农村房屋，接地不良好或者根本没有接地；另外，市场上有些不合格的接线板，是两插的插头，没有接地，而与其连接的插座上却有三孔的插座，这就是假接地。如下图。

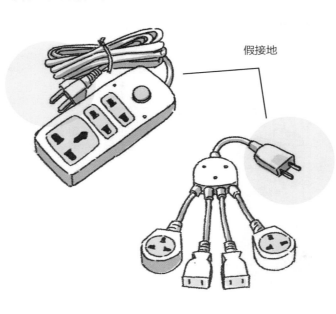

假接地

　　在这种情况下，电器没有了接地的第二重保护，只剩下基本绝缘一重保护，显然是不够安全的。而带"回"形标的两插电器则不需要依赖外部接地线的保护，显然更安全一些。

7. 电磁骚扰与抗干扰

　　所有的电子产品在工作时都会产生向外发射的电磁骚扰，同时也承受着邻近工作的其他电子产品的电磁骚扰，当这种骚扰产生了不良的结果时，就被称为干扰！下图就展示了一台电视机在进行辐射发射的测试。

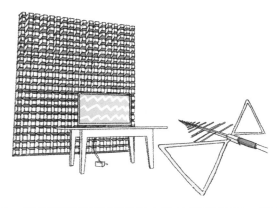

　　显而易见，我们要降低电子产品本身的电磁发射，提高它的抗干扰能力，才能保护它在一般电磁环境中能够正常工作。

　　举个例子，在飞机起飞和降落前，空中乘务员总在提醒大家关闭手机，就是这个原因。你可以想象一下，一个小小的手机就能与几公里外的基站建立通信连接，它的发射能小吗？如果它的发射频率恰好占用了飞机通信的频道，将造成什么样的后果，是显而易见的！所以千万不要在通知你不能开机的时候就开机！幸亏波音和空客公司的飞机抗干扰能力强，没有天天出事故。那些调查来调查去总没有确切结果的事故，很多源于电磁干扰！它有瞬时性和不易复现的特性，所以难以确定。

如下图所示，电磁发射限值与抗扰度限值之间的部分，称为电磁兼容性裕量。这个裕量越大越安全，但其成本将大幅度提高，所以有个平衡性的问题，类似最佳性价比。

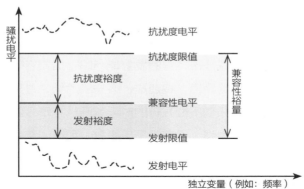

电磁发射一般分为三种形式：一种是通过空间直接向外的发射；一种是通过连接的线缆向其他相连设备的发射；一种是将连接的线缆变成天线，二次向空间发射。因此要从这三个方面减少其发射量。

电磁抗扰度包括以下几种形式，这些干扰源可以造成电子芯片的死机，从而造成其控制对象的误动作，最终可能造成人身伤害。

①静电放电：即在北方的冬季常常发生的摸金属时静电打手的情况，这种静电电压极高，可高达16千伏。

②空间电场辐射：相近的电子产品发射产生一个电场，如果产品的芯片不能承受这个电场的辐射，即可能造成程序错乱。

③通过线缆传导的电压干扰：接在同一线缆上的电子产品发射的骚扰电压通过相连的电线或信号线干扰被测产品。

④空间磁场辐射：相近的电子产品发射产生一个磁场，如果产品的芯片不能承受这个磁场的辐射，即可能造成程序错乱。

⑤供电电源的杂波和电压变化：来自其他产品的杂波会影响供电电源的品质，供电电源本身也可以有暂降、短时跌落甚至短时中断的情况。

8. 消费品的召回

权威发布 为建立消费品召回管理制度，严肃查处制售假冒伪劣行为，保护消费者合法权益，2016年1月1日起，国家质检总局发布的《缺陷消费品召回管理办法》正式生效，开始对消费品施行召回制度。召回由企业实施，同时向国家缺陷产品管理中心备案。

近年来发生过召回的消费品包括笔记本电源线、玩具等。

请消费者注意查看国家质检总局缺陷产品管理中心网站（http://www.dpac.gov.cn），及时接收召回信息。

值得提醒的是，召回本身是企业对消费者负责的表现，召回并不表明企业不好，恰恰相反，表明该企业对自己严格要求，对社会负责！

9. 电器产品的废弃

针对电器电子产品的废弃，我国有《废弃电器电子产品回收处理管理条例》。列入《废弃电器电子产品处理目录》的废弃电器电子产品的回收处理及相关活动，适用该条例。该目录施行动态管理，不定期更新。当前使用的是2014年版，包括的产品有：电冰箱、空调、吸油烟机、洗衣机、电热水器、燃气热水器、打印机、复印机、传真机、电视机、监视器、微型计算机、移动通信手持机、电话机等14类产品。

为什么要对电器电子产品进行有效的回收呢？因为它内部包含有大量的对环境有害的物质，但如果提取出来循环利用，又是一座城市矿山。国家对废弃电器电子产品实行多渠道回收和集中处理制度。国家鼓励电器电子产品生产者自行或者委托销售者、维修机构、售后服务机构、废弃电器电子产品回收经营者回收废弃电器电子产品。电器电子产品销售者、维修机构、售后服务机构应当在其营业场所显著位置标注废弃电器电子产品回收处理提示性信息。

《电子信息产品污染控制管理办法》于2007年3月1日正式生效。2016年1月6日，8部委联合发文，将该管理办法修改为《电器电子产品有害物质限制使用管理办法》，新办法自2016年7月1日起施行。新管理办法确定了对电器电子产品中含有的铅、汞、镉、六价铬和多溴联苯(PBB)、多溴二苯醚(PBDE)及国家规定的其他有害物质的控制采用目录管理的方式，循序渐进地推进禁止或限制其使用。2011年8月25日，国家认监委、工业和信息化部共同确定并发布了《国家统一推行的电子信息污染控制自愿性认证实施规则》

和《国家统一推行的电子信息产品污染控制自愿性认证目录(第一批)》。第一批列入该目录的产品包括：

　①计算机、电视机、移动用户终端和电话机等的整机产品；

　②电容器、电阻器、电子管等部件及元器件产品；

　③鼠标、键盘、硬盘等组件产品；

　④PCB板、油墨等电子材料产品。

消费者可以在合格的产品说明书中看到一张写有6种有害物质的表，该表列明了产品中哪些部分包含上述有害物质。在废弃时不要随意丢弃，最好出售给二手电器商，让它们进入循环系统，这就是普通消费者对环境作出的巨大贡献！

三、电器选购与使用

10. 家用电器类产品标识一览表

产品名称	CCC标识	CQC标识	能效标识	节能标识
空调	有	有(舒适性)	有	有
加湿器		有		
空气净化器		有		
电暖气	有			
电热毯		有		
吸尘器	有			
电风扇	有	有	有	有
洗衣机	有		有	有
电熨斗	有			
冰箱	有		有	有
电饭锅	有		有	有
电压力锅	有			
微波炉	有		有	有
烤箱	有			
榨汁机	有			
面包机	有			
电磁灶	有		有	有
吸油烟机	有		有	有
净水器		有		
洗碗机		有		
饮水机	有			有
电热水器	有		有(储水式)	有(储水式)
电吹风	有			
直发器	有			
按摩器		有		
电热暖宝		有		
烘脚器		有		
电子坐便器		有		

11. 居室环境类家电产品

主要包括：空调、加湿器、空气净化器、电暖气、电热毯、吸尘器、电风扇等。

(1) 空调

GB/T 7725—2004《房间空气调节器》，这是家用空调的产品标准，其中规定了大量的试验项目，如制冷系统密封性能、制冷量、制冷消耗功率、热泵制热量、热泵制热消耗功率、电热装置制热消耗功率、最大运行制冷、最小运行制冷、热泵最大运行制热、热泵最小运行制热、冻结、凝露、凝结水排除能力、自动除霜、噪声、可靠性、盐雾试验等。对空调器产品的各种性能进行了全面的规定。

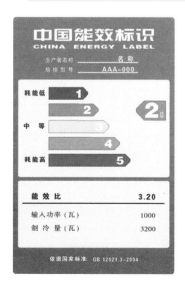

空调器的能效现行标准为GB 12021.3—2010《房间空气调节器能效限定值及能效等级》，分为三级，1级最佳，3级最差。除了直观的图示外，还要学会读懂其中的数字。数字中输入功率越大，耗电越大；制冷量越大，能带动的房间面积越大；能效比最为重要，它是制冷量与输入功率的比，当然越大越节能！

选购要点

● **能效标识的解读**

选购空调时，一定要查看能效标识，并读懂其含义。

● **适用面积的选择**

选购空调时，消费者都会被告知各个型号的适用面积，比如一款空调标称适用面积为12平方米，表示如果在大于12平方米的房间使用，其制冷性能会降低。其实这是厂家标的额定值，表示在这个面积之下，该空调能将温度控制得足够低，比如20℃。如果你夏天不喜欢这么冷，只希望达到26℃或者28℃，那尽可以选择额定值偏低的空调用于较大的房间。

 安装使用要点

● **将16安插头更换成10安插头，然后插在10安的插座上。**

在购买空调时，首先要关注其额定电流，如果拟安装位置没有足够大的插座，则只能退购买功率较小的空调。比如，这个房间的墙上只有10安的插座，就不能买2200瓦以上的空调，即使你把插座换成了16安的，但墙里的电线线径没有换成16安的，将造成电线过热，导致着火的危险！

✂️ 维护要点

● 应定期清洗滤网

一定要定期清洗过滤网，如果你频繁使用空调，天天用，那么一个月至少应该清洁一次，根据你看到污物的多少，来决定清洗的间隔。滤网上附着了灰尘、细菌、霉菌等，且絮状物太多，会影响风的通过性，从而影响制冷能力，浪费大量的电。

灰尘

细菌

霉菌

● 室外机与麻雀

室外机也要定期检查，请厂家的专业人士来检修，特别是使用3年以上的空调。另外，当听到室外机异响时，一定要及时维修。空调孔常被麻雀作为安家的好去处，有的小麻雀甚至将巢筑到室外机内部，导致风扇工作不正常，有异响！它们也常在室外机上玩耍，利爪、利喙会伤及电线的绝缘层和制冷管的保温层，导致空调制冷能力下降甚至损坏。所以要关注它们的行为，对室外机及配件适时保养更换。

(2) 加湿器

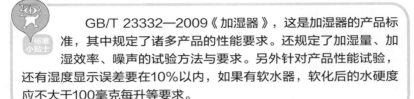

GB/T 23332—2009《加湿器》，这是加湿器的产品标准，其中规定了诸多产品的性能要求。还规定了加湿量、加湿效率、噪声的试验方法与要求。另外针对产品性能试验，还有湿度显示误差要在10%以内，如果有软水器，软化后的水硬度应不大于100毫克每升等要求。

光波式加湿器

离心式加湿器

复合式加湿器

加湿器按产品工作原理的分类

超声波加湿器（市场最多见）

直接蒸发式加湿器

电热式加湿器

🛒 选购要点

要先区别加湿器类型，一种是带有水过滤装置的，一种不带。带过滤装置的可以使用自来水，而不带的最好使用纯净水。

✋ 使用要点

● 白色粉末是如何形成的

有的加湿器工作一夜后，桌子上可见明显的一层白色粉末，它是水的杂质（矿物质）被超声波激发后喷发出来形成的。这种粉末被吸入后，当然是对人体有害的。这时，也不用更换更贵的加湿器，只要使用没有杂质的纯净水来进行加湿，就不会再见到这层白色粉末了。

● **不要用手去触碰激发出来的水雾柱**

超声波，一听名字，让人觉得很安全，因为孕妇都用超声波来进行检查，怎么会不安全呢？但要知道，超声波功率大了，一样有危险。比如加湿器的超声波激发器，当你打开水箱，按下浮子阀时，会看到它开始工作了，激发出了一股小喷泉，上面带着一重雾。如果用手去摸这个小水柱，将会感到疼痛！但它也有一个用处，超声波高频的振荡可以起到清洁作用，可用于清洁眼镜框。

● **不要离人体太近**

通过上面的阐述我们知道，一是超声波能量，二是离得近、水雾太浓，都对人体不利，所以日常加湿时，加湿器不要离人体太近，放到房间里即可达到加湿的效果。水雾浓淡不是判断湿度的标准，它是比较均匀地扩散到房间里的，尤其是冬季密闭的房间。

● **冬天对着暖气吹**

冬季加湿时，如果让加湿器对着暖气片吹，可以起到事半功倍的作用。由于暖气片处能形成高温上升的气流，湿气被加热且随之流动到整个房间，人体不会感觉到加湿器直吹的湿寒感。

维护要点

加湿器因为湿润，内部十分容易滋生细菌，所以要经常清洗，至少每周清洁一次，把黏腻的附着物认真清洗掉，保证人体的健康。

(3) 空气净化器

GB/T 188101—2015《空气净化器》,该标准明确了空气净化器的基本技术指标是"洁净空气量"和"累计净化量"，即空气净化器产品的"净化能力"和"净化能力的持续性"；将空气净化器的噪声限值由低到高划分为4档；提升了空气净化器针对不同污染物净化能力的能效水平值。

 选购要点

● 过滤能力

随着雾霾的日益严重，空气净化器越来越多地进入了家庭，成为重要的家用电器。雾霾的尺寸现在通常用PM10和PM2.5表示，它有多大呢？直径10微米和2.5微米，相当的小。这就要求净化器的过滤网能拦得住这么小尺寸的颗粒。选购时一方面看厂家的标称，一方面查看相关权威检测机构的公开报告。不能只看净化器上面的红灯、蓝灯来判断其真正的过滤能力。

● 过滤网的选择

过滤网有多种型式，可根据个人经济能力和喜好来选择。从环保的角度来讲，自恢复的过滤网更经济。

● 噪声也是关键指标

净化器夜间一般会被放置到卧室中，噪声大小将直接影响主人的睡眠质量。所以选择一款带静音功能、噪声低的净化器用于夜间伴眠是十分必要的。

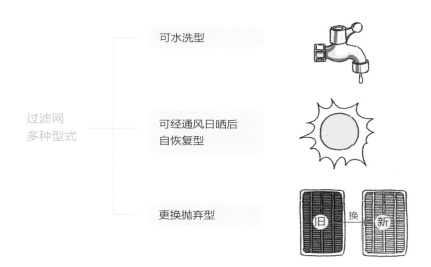

过滤网
多种型式

可水洗型

可经通风日晒后
自恢复型

更换抛弃型

使用要点

● 使用时要注意关闭门窗，否则，即使净化器连续工作，也不能保证室内空气的清洁。隔一段时间，还要适当开窗换气，因为时间久了，室内氧气会不足，也会对人体造成不利的影响。

● 适当使用夜间模式，以免夜间它突然加大功率工作，噪声太大，影响正常睡眠。

维护要点

按说明书要求，定期更换或清洁过滤网，否则它将不再是一台空气净化器，而成为了污染源。特别要注意，很多过滤网是不可水洗的，千万要仔细阅读说明书，确认能洗再洗。

(4) 电暖气

标准
小贴士

GB/T 28199—2011《电热油汀》，该标准规定的主要性能要求为表面温度，最高温度不小于90℃，平均温度应不小于80℃，最大温差应不大于20开尔文（1开尔文=1℃）。有效功率不小于50%输入功率。还有它要有良好的密封性能。

GB/T 22769—2008《浴室电加热器具（浴霸）》，该标准规定的主要性能要求有安全使用年限不能低于6年；对升温时间、温度上限、排风量、噪声、振动等性能都作了规定。

 选购要点

● 适用面积

与空调一样，电暖气也有标称适用面积的问题，这个标称值是指达到一个较高温度时（比如26℃），该款电暖气适用的面积。如果你对温度的要求不算高，比如，冬季未供暖和断暖气的那些天里，希望室温能达到18℃，那么尽可以选用适用于较小面积的电暖气，减少浪费。

● 要选择适用的电暖气类型

对于密闭的环境，选用油汀式电暖气比较适宜，因为它更像普通的水暖气，使得整个房间温度舒适，不燥热。

对于开放的环境，比如大棚式的市场里的一个摊位，就要选用"小太阳"式的电暖气，因为它可以有较强的指向性，辐射到人体，人就能感受到暖意。

使用要点

● **油汀式电暖气要注意正常静置后再加电使用**

这一点非常重要！如果你放置时选择了放倒的方式，则一定要在正常直立位置放置一段时间（如，半小时），待内部的导热油淹没加热件后，才能正常通电，否则可能造成干烧，导致加热件破裂，造成电击和着火危险！

● **"小太阳"要特别注意切勿引燃织物**

俗称"小太阳"的电暖气的工作原理是高温的电热丝发射红外线，辐射到人体后，使人感到温暖。电热元件达到可以发光的程度，其温度极高（约为550℃以上），这么高的温度如果碰到织物，甚至离织物近了，都有可能引燃它，这样将直接导致严重的火灾危险！

远离

● **"小太阳"的翻倒开关**

在GB 4706.23—2003《家用和类似用途电器的安全 室内加热器的特殊要求》中要求"小太阳"这种电暖气要有一个翻倒开关，因为它翻倒时可能会引燃木地板或周围织物，装一个翻倒开关，可在它翻倒时切断电源。最新的安全标准GB 4706.23—2007中，把这个翻倒开关的要求去掉了，直接要求它不得翻倒。那么怎么做到不易翻倒呢？加大底座的面积和重量，做成"不倒翁"，即可有效防止这种危险的发生。

老式"小太阳"　　　　　　　　新式"小太阳"

● **浴霸要注意安装位置**

浴霸的种类很多,有灯暖的,有风暖的,有顶上安装的,有墙上安装的。要特别注意不同种类的浴霸的安装位置。GB 4706.23—2007《家用和类似用途电器的安全　第2部分:室内加热器的特殊要求》中规定:高位安装至少要离地1.8米高,或者直接装入天花板。这些要求就是为了避免在日常使用中一些可能发生的情况对人体造成危险。

 维护要点

● 经常检查电源线是否被烫伤，如果有被烫的痕迹，应检查原因，并及时更换电源线。

● 对油汀形式的电暖气要注意检查其是否有磕碰伤,导致其泄漏。

(5) 电热毯

QB/T 2994—2008《电热毯、电热垫和电热褥垫》，这是行业标准，在没有国家产品标准时，一般会有相应的行业产品标准。QB标准是由国家发改委发布的，QB代表轻工业行业标准，延用至今。标准中规定温升不小于17开尔文；电热毯安全使用年限为6年，电热垫为3年。

选购要点

电热毯的功率较大，电源线一定要足够粗，太细有过载着火的危险。而且其电线连接要良好，避免折叠损坏。

使用要点

● **减少折叠次数**

电热毯里面的加热元件是电热丝，无论如何，它都是有寿命的，尤其是弯折次数的寿命。尽量减少折叠次数，是对它最大的保护。

● **尿床**

如果给婴儿使用时，要特别注意防止由于尿床导致的触电危险。可以在电热毯上面加防水的隔离层。

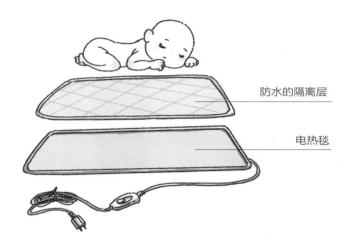

防水的隔离层

电热毯

● **水床垫**

近几年，出现了一种在盒体内对水进行加热，再用泵把热水泵入床垫内的水管，间接用水来加热的电热毯。这种形式，要注意盒体内的水电分离，达到基本绝缘加接地的方式来保证安全。为了防止使用中的危险，一定要核查接地情况是否良好。

 维护要点

经常检查电源线和接地线连接情况，及时发现问题。

(6) 吸尘器

QB/T 1562—2014《家用和类似用途真空吸尘器》，这是其产品标准,其中详细规定了性能要求,例如工作时真空度要高；吸入功率与输入功率的能效比要大；吸尘能力要强；工作噪声要小；工作寿命要长；操作半径要大；电源线要长等。

 选购要点

● **动力吸头**

有些高级的吸尘器会配用动力吸头，有一种是低压电来驱动的，它没有什么危险；另一种是高压电来驱动的，对于它就要特别注意其供电线的弯折是否过度，弯折过度可能会导致绝缘破损。这种吸尘器比普通吸尘器多一个功能，也多了一个危险点。

● **功率选择**

功率大的吸尘器一般吸力也大些，但一定要注意与家里其他电器共用一条供电线路时的负载过大问题。太大功率的吸尘器可能在使用时会导致掉闸现象发生。一般选择800瓦以下的吸尘器即可满足家庭使用。

 使用要点

● **自动卷线器**

大多数的吸尘器都配有自动卷线器，用于收回电源线。最好要控制一下收回的速度和方向，减小不必要的磨损。当然，吸尘器在定型前都经历过自动卷线器拉伸收回可靠性老化试验，且只有合格的产品才可以批量生产。但试验毕竟是试验，如果不加任何防护地任其大力快速扭曲地收回电源线，次数多了，可能会造成电源线绝缘破损，导致带电的铜线扎出，最终导致电击危险！

 维护要点

● **及时清洁**

如果集尘袋或过滤装置不及时清洁，将导致通风受阻，功耗上升，吸尘效果明显下降。所以，每次使用后，都要及时进行清理，保证集尘袋或过滤装置清洁，通透性良好。

● **经常检查电源线**

经常检查电源线绝缘是否磨损坏,如果发现异常,应立即更换新线。

(7) 电风扇

GB/T 13380—2007《交流电风扇和调速器》，该标准对于产品特性进行了详细规定，例如：输出风量，不同种类的风扇（台扇、壁扇、台地扇、落地扇、转页扇、吊扇）不同的规格直径，分别进行了输出风量的限制。而且规定了能效值、调速比、噪声等指标要求。

选购要点

● 电风扇主要分为有扇叶和无扇叶风扇两种。

● 所谓无扇叶风扇，是将旋转运动的扇叶改换到了底座部分，从外观上看起来只是一个出风的空洞。它最大的好处是安全，没有儿童触碰扇叶割伤的危险。

● 有扇叶风扇，选购时要特别注意扇叶的防护罩的密度和牢固程度，以免儿童触碰或拆卸后触碰。

使用要点

● 注意检查风扇摇头机构会不会夹伤儿童手指。

● 注意不要在窗帘等类似物前面使用风扇，导致窗帘等被吸入扇中或吸附到风扇上。

● 吊扇要注意安装牢固，且要高位安装，至少离地面2.3米以上。

 维护要点

● 经常擦拭扇叶等部件，减少污物的积累。

● 经常检查电源线是否有损伤。

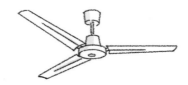

 >2.3米

12. 服装处理类家电产品

主要包括：洗衣机、电熨斗等。

(1) 洗衣机

　　GB/T 4288—2008《家用和类似用途电动洗衣机》，该标准规定了许多性能指标，例如：洗净比应不小于0.70；对织物磨损率：波轮式和搅拌式不大于0.15％，滚筒式不大于0.10％；噪声不大于72分贝(A计权)；漂洗残留、脱水率、振动、用电量、用水量、洗净均匀度等指标。全面衡量了各种洗衣机的质量特性。

选购要点

● **波轮与滚桶选哪个？**

　　有些老年人可能愿意选择波轮式的洗衣机，因为它用水量大，明显看到在"洗"衣服，而滚桶式洗衣机用水量小，衣服只是在湿的状

波轮式

滚筒式

态下摔打。这也是两种洗衣机洗涤方式的工作原理的区别。滚桶洗衣机更省水，洗涤效果也更好些。只是取放衣物的时候，需要下蹲，有些老年人可能做这个动作有困难。为了解决这个问题，有一种斜滚桶洗衣机，更加省水，且不必大幅下蹲，也可以取出衣物。

● 能效标识解读

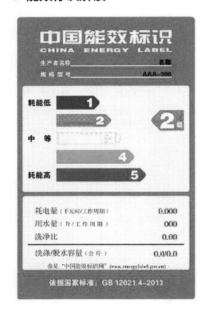

选购洗衣机时，一定要查看其能效标识，并读懂其含义。GB 12021.4—2013《电动洗衣机能效水效限定值及等级》中规定洗衣机能效分为五级，1级最优，5级最差。耗电量和用水量越小越好。洗净比越大越好。洗涤和脱水容量，根据自己的需要进行选择，一般家庭用5千克~6千克即可满足。

有人喜欢单独清洗内衣，那就可以选一台小容量洗衣机单独使用。

● 注意插座

现在的洗衣机，尤其是带加热功能的滚桶洗衣机，其功率均较大，需要单独使用一个10安培的插座供电。

使用要点

● 很多洗衣机都在明显位置粘贴了使用安全注意事项和故障代码，在使用前不仅要读说明书，还要读懂这些警告语。为什么有使用说明书，还要写到洗衣机本体上呢？证明这些说明是十分重要的！

● 防止幼童进入洗衣机桶，不要在洗衣机附近放置儿童容易攀爬的板凳或类似物品。

● 汽油等溶剂不宜放入洗衣机里使用，可能导致火灾危险。

● 防水面料不可放入滚桶洗衣机高速旋转：因为高速旋转（如每分钟1000转）可能导致爆炸。如果你非得用洗衣机来洗，一定要将甩干转速设置到最低，以保证安全。最安全的还是手洗！

● 接地：洗衣机必然要使用水，水是导电的，且有流动性，一旦漏电，将会把电传导到任何它流到的地方。所以一定要保证洗衣机接地良好！不可以错用两插插头的接线板来连接它，看上去也能正常洗涤，但暗藏致命危险！

 维护要点

● **定期清洗内桶**

如果你没有清洗过内桶，这是一个极大的错误。使用一年以上的洗衣机，内桶积聚了大量的污物，触目惊心！

清洁前　　　　　　　　　清洁后

如何清洗呢？有两种方法：一种是使用洗衣机内桶清洗剂，根据洗衣机使用频度，定期清洁，比如一个月或两个月。不要等到衣物上已经可见污点时再进行清洁，这已经晚了。另一种方法是请厂家的售后工程师，进行拆卸后直接清洗。对于波轮式洗衣机，拆卸较容易；而对于滚桶式洗衣机则十分困难，甚至即使付费，售后维修人员仍拒绝这项服务，因为他们担心装配回去后，牢固程度不如从前，可能导致异响严重，"聋子治成哑巴了"，责任太大。

(2) 电熨斗

GB/T 18799—2008《家用和类似用途电熨斗性能测试方法》，这是其性能测试方法的标准，其规定了诸如温度、喷雾功能、熨平度、能耗、底板、调温稳定性等性能的测试，包含了所有消费者对电熨斗的使用需求。

 选购要点

● **一定选耐高温的编织线**

细心的消费者可能已经发现了，电熨斗的电源线与其他电器的电源线都不一样，其最外层是一种编织物。这种编织物有耐高温性能，即使电熨斗以最高温度加热时，误放到该电源线上，也能保证电线的绝缘层不被烫坏。

 使用要点

● **加纯净水**

蒸汽电熨斗需要加水才能正常工作，那么加什么水呢？加自来水，时间久了，熨斗底面的孔内会出现白色的水垢，此时，其内部加热板上已经结了厚厚的一层水垢了。所以一定要加纯净水，既保证衣物整洁无痕，也保证电熨斗的使用寿命和人身安全。

● **防干烧**

蒸汽电熨斗需要加水，水烧干了，熨斗会自动停止加热。但也不要刻意不蓄水，这种保护开关也都是有寿命的，一旦它损坏了，会有着火的危险。

● **织物材料与温标要相对应**

熨烫什么材料的衣物，就要改变熨斗上的温度旋钮到相应的位置，才能保证熨烫温度的正确性。不要一味地追求高温熨烫的快速性，可能会损坏化纤材料，不可挽回。

● **用后及时断电**

电熨斗只有一个带插头的电源线，没有另外的开关，用后，一定要及时拔出插头来断电。转身去收拾衣物，遗忘还通着电的熨斗是十分危险的。一旦温控器和热保护器失效，则有着火的危险！

⚒ **维护要点**

使用后要把存水全部排出，如果不易流出了，可用喷雾按钮继续排干，竖直放置，以减少结垢的危害。

13. 厨用家电产品

主要包括：冰箱、电饭锅、电压力锅、微波炉、烤箱、榨汁机、面包机、净水器、洗碗机、饮水机、电磁灶、吸油烟机等。

（1）冰箱

GB/T 8059.1~8059.4《家用制冷器具》，上述标准是包含4项标准的系列标准，是家用电冰箱的产品标准。其中规定了冰箱的各种性能指标，例如：有效容积不应小于额定有效容积的97%；噪声（250升及以下不能大于52分贝，250升以上不能大于55 分贝）、制冷性能（储藏温度、制冰能力、耗电量、化霜性能、放入食物负载后温度回升时间、冷冻能力）、绝热性能和防凝露、气密性、门的耐久性等。综合考核了冰箱在使用过程中可能涉及的所有性能。

选购要点

● **能效标识解读**

冰箱的能效标准GB 12021.2—2008《家用电冰箱耗电量限定值及能源效率等级》中将能效分为五级，1级最优，5级最差。耗电量越小越好。容积则由自己来选择。当然同等容积下耗电量小的更优秀。

● **容量越大越好吗？**

　　很多人追求冰箱的容量，觉得越大越好。想象一下，冰箱大了，代表你吃剩菜的可能性更大了；一次采购一周的食物，食物的新鲜程度就降低了。所以，根据用餐人口来决定购买冰箱的大小才是合理的。

使用要点

● **不要将干冰放入冰箱**

　　干冰是固态的二氧化碳，其温度为$-78.5℃$。冰箱冷冻室的温度一般只为$-18℃$，它远高于干冰的冰点，干冰将在其内快速升华为气态，体积迅速增大，冰箱密封性又较好，导致内部压力迅速升高，可以想见，爆炸就要来临了！

　　即使是在汽车里运输带有干冰的冷冻食品时，也要开窗通气，以免二氧化碳中毒。

● **周围空间不可以太小**

　　冰箱工作时内冷外热，周边需要良好的通风环境，把产生的热量带走，所以不可以把冰箱紧挤在墙角里。宾馆酒店里为了美观，把冰箱密闭到一个柜子里，是极其错误的做法！

● **不要将冰箱放在阳台**

　　冰箱需要向外散热，所以不能将它放到阳光下曝晒，日晒不利于其散热，并将加大没必要的耗电量，增加连续工作导致的着火危险。而且材料在紫外线的作用下，也会变性，导致快速老化，如果涉及电气绝缘，还将有电击危险。

 维护要点

　　● 定期清洁冰箱，防止细菌过分滋生。

　　● 如果经搬动后，噪声明显加大，应调节底脚高度，达到平衡，减少噪声。

(2) 电饭锅

QB/T 4099—2010《电饭锅及类似器具》，该标准规定了详细的性能要求，例如：与食物接触的部件应满足相应的卫生标准要求（铝材制品、橡胶制品、不锈钢制品、陶瓷制品、涂层等）；防粘涂层应无脱落，且耐磨；传导热效率要高，保温性能要好，能耗要低；蒸煮要均匀；时钟偏差要小，气密性能要好。

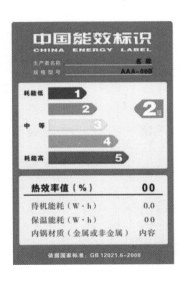

 选购要点

● **能效标识解读**

电饭锅的能效标准 GB 12021.6—2008《自动电饭锅能效限定值及能效等级》中将能效分为五级，1级最优，5级最差。热效率值耗越大越好。待机能耗和保温能耗越小越好。

 使用要点

● **电源线不要贴附在金属锅体上**

电饭锅的电源线一般为PVC材料制成，不能达到耐高温的效果。所以要特别注意，在使用过程中，电源线不要贴附在锅体上，特别是金属部分的锅体上，这将导致电源线烫化，造成电击危险。

 维护要点

●**溢水清理**

　　电饭锅使用时难免会发生溢出少量汤水的情况，在正常的安全试验中，已进行了相关的测试。但这只能保证新品是安全可靠的。家中使用多年的电饭锅，可能会有排水孔堵塞的情况，导致溢水改道，可能造成电击危险。所以要在每次使用后，及时清理，保证设计的排水通道通畅。

(3) 电压力锅

此类产品目前尚无国家或行业产品标准，一般安全性要求按照GB 4706.19《家用和类似用途电器的安全　液体加热器的特殊要求》的安全标准执行。目前也还没有适用的性能标准。

选购要点

● 电压力锅的功率也比较大，约为800瓦左右，在选购时要根据家庭人口情况，选择大小适合的锅，一般选4升即可满足需要。

● 电压力锅比一般锅的内压要高大约70千帕，约合0.7个大气压，所以它有爆炸的可能性。为了防止爆炸的发生，厂家设计了多重保护措施，选购时，在产品通过CCC认证的基础上，优先选择保护措施多的，更有保障。

使用要点

● 放入食材不要过满

电压力锅的说明书中都有相关的规定，食材不能放置过满，这是因为其工作时，水达到了更高的沸点，一般为120℃左右，体积也会增大，所以需要更大的空间，才能保证安全。

● 压力阀保持清洁

电压力锅与普通压力锅一样，都有一个正常工作状态下的卸压阀。如果这个阀门堵塞了，不能正常卸压了，将导致另一保护装置动作。此时压力锅就需要维修了。为了避免这种情况的发生，就要在每次使用后，用水冲洗压力阀，并用嘴吹气检查其是否通畅，且在每次使用前也进行吹气检查。

● **电源线不要贴附在金属锅体上**

电压力锅的电源线一般为PVC材料制成，不能达到耐高温的效果。所以要特别注意，在使用过程中，电源线不要贴附在锅体上，特别是金属部分的锅体上，这将导致电源线烫化，造成电击危险。

🔧 **维护要点**

● **溢水清理**

电压力锅使用时难免会发生溢出少量汤水的情况，在正常的安全试验中，已进行了相关的测试。但这只能保证新品是安全可靠的。家中使用多年的电压力锅，可能会有排水孔堵塞的情况，导致溢水改道，可能造成电击危险。所以要在每次使用后，及时清理，保证设计的排水通道通畅。

(4) 微波炉

标准
小贴士

GB/T 18800—2008《家用微波炉　性能试验方法》，这是微波炉性能试验方法标准，其中规定了如何确定有效腔体尺寸；如何测定微波输出功率及效率；如何测定加热性能、烹调性能（制作牛奶蛋糊、松软蛋糕、肉块、土豆、蛋糕、鸡等）和解冻功能等。

 选购要点

● 微波炉的种类繁多，虽然加热原理一样，但包括多种形式，如：转盘运动式的、微波旋转式的、左开门的、下开门的、带光波加热的、电子程序控制的、手动机械控制的。当然还有不同的容积，不一而足。应根据家里所留空间位置和个人喜好选择。

● 特别注意转换效率，同样的额定功率下，加热同样食物的时间明显不同，这是由微波发生器的能力来决定的。产品价格高肯定有价格高的原因。

● 不同的加热方式，噪声也不同，一般来说，转盘式的噪声低于微波旋转式的。

使用要点

● **金属物误入可能着火**

微波炉的工作原理是利用高频波激发食物中的水分子、脂肪分子等产生高速的内部摩擦而发热。如果不慎将金属的勺子或刀子随食物一起放入微波炉中，将产生严重的火花，如果不及时停止，有着火的危险。

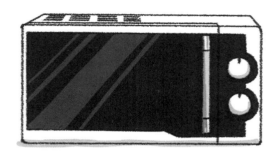

金属餐具

　　在微波炉的型式试验中，有一个试验就是模拟金属物进入的。将一根金属针刺入土豆中，然后放入微波炉中，用最长的时间来加热。金属针会打火，土豆最终会糊，甚至碳化，金属会更多地暴露出来，火花更严重了。在这个试验中，要求微波炉要能阻拦火势蔓延出炉体。

　　然而有些微波炉配用的金属支架又可以在微波炉内使用，这是因为它表面已进行了处理，不会产生一般金属的打火现象。所以不要将配用的金属架以外的其他金属材料放入微波炉。

● **辐射会残留在食物上吗？**

　　有说法认为，微波炉辐射会残留在食物中，人食用后会有辐射进入人体。这完全是个笑话！微波炉的加热原理是由微波发生器产生一组高频波，使食物内的水分子、脂肪分子摩擦生热，当停止工作时，这组高频波就消失了，它不会像核辐射那样产生残留，留下的只是热量，使食物的温度升高了而已。

● **食用微波炉加热的食物会致死吗？**

微信上有人说护士给病人输血，怕血太凉，在微波炉里加温后，输血导致病人死亡，进而推论：食用微波炉加热的食物会致死。荒谬至极！加热后的血半熟后，血中的蛋白质发生变质，已不能使用。微波炉微波是一种频率比电波高、比红外线和可见光低的电磁波。电波和可见光不会致癌，微波也不会致癌。食用微波炉加热的食物也不会致死。

● **要保持一定的安全距离**

虽然微波炉出厂前都经过严格的安全检验，但这仅代表新品是合格的，如果使用过程中有过碰撞，甚至有孩子用炉门夹过核桃，这些都将导致少量的微波泄漏。但也不必过分担心，因为高频波在空气中的衰减是迅速的，它能达到的距离是十分有限的。经过测试，距离微波炉75厘米以上，将是十分安全的。所以按完启动键后，退开一定的距离，实在需要观察食物在炉内的情况时，也离得稍远一点即可。

✖ **维护要点**

● **门封要定期清洁**

微波炉内部不清洁，仅是一个卫生习惯问题，不会产生危险，但如果门封不清洁，则可能导致微波炉泄漏，这是直接的危险。在微波炉的型式试验中也有这样一项模拟试验，将食用油涂抹在门封处，然后用检漏仪测量其外泄量，必须满足相关标准要求。但这仅是对于新品的试验，如果你家的微波炉门封污物过多，反复使用，又有些变形，那么它将不一定仍满足标准要求，所以应特别注意门封处的清洁，并注意门的变形情况，如果严重，可维修，或更换新品。

(5) 烤箱、烤炉、烤架等

　　QB/T 4506—2013《家用和类似用途便携式电烤箱》，这是电烤箱的产品标准，其中详细规定了烤箱的性能，例如：操作部件的可操作性；玻璃门应耐高温；温度控制性能；面包片烤色分级；烘烤食物的效果；升温时间要快，要在8分钟内升到180℃；关机功耗不应超过0.5瓦，带显示的待机功耗不能超过1瓦；整机寿命不应低于1000个循环等。

　　QB/T 1240—2013《家用和类似用途食品烘烤器具　面包片烘烤器 华夫饼炉 三明治炉》，这是上述产品的产品标准，其中详细规定了产品的诸多性能，例如：器具内的材料要符合相应的卫生标准；定时器偏差不能超过5％；待机能耗不应大于0.5瓦，带显示的待机功耗不能超过1瓦；烘烤性能；烘烤时间；焦黄度控制特性；温度控制性能；耐久性等。

 选购要点

　　烤箱也是个大功率的家电，一般在1000瓦～2000瓦。家庭一般用10安培插座，仅可以供2200瓦的烤箱安全用电，所以选购时除了要注意空间容积外，更要注意其额定功率值。

使用要点

● **电源线不要贴附在金属表面上**

　　烤箱、面包烘烤器等电热食物加工器具，有一个共同的特点就是高温，它们的电源线一般为PVC材料制成，不能达到耐高温的效果。所以要特别注意，在使用过程中，电源线不要贴附在炉体上，特别是加热口上，这将导致电源线烫化，造成电击危险。

● **严防烫伤**

在型式试验中，对烤箱表面温度已经进行了测量，保证人体接触其表面时不会产生严重烫伤。但它的一些加热口，是可能产生烫伤的，因为标准中认为这是它的功能需要，不可以降低其温度。

除了表面的高温要注意小心以外，在取出食物时，更要小心谨慎，其内部托盘的温度更高，若触及可立即产生严重烫伤。

🔧 **维护要点**

● 烤箱要保持清洁，因为它清洁起来很难，所以容易长期使用而不维护保养。烤糊的食物残渣会影响烤制食物的味道。

● 经常检查电源线是否被烤坏，如发现异常，应立即停止使用，更换新电源线。

(6) 榨汁机、豆浆机等

GB/T 15854—2008《食品搅碎器》、GB/T 26176—2010《豆浆机》、QB/T 1739—2011《家用电动食品加工器具》，以上标准是部分厨用电动器具的产品标准，对产品的性能进行了较为详细的规定，例如：搅碎器标准规定了搅碎性能，用黄豆或咖啡豆作为负载进行试验；噪声要求不能大于85分贝；刀具硬度足够大。豆浆机标准规定了防焦糊；噪声不能大于80分贝；制浆能力（总固形物不能低于3.2克每100毫升，煮熟度，出渣率不高于30％）；正常工作寿命不应低于600个循环。食品加工器具标准规定了噪声；工作时移位不能超过10毫米；加工性能（如搅打、打浆、溅出、揉和、绞肉、切碎、切片、切丝、搅拌、榨汁、研磨等性能的要求）；与食物接触的材料要符合相应的卫生标准要求；工作寿命（单次工作小于3分钟的，寿命不低于15小时，否则不低于600个工作循环）。

选购要点

榨汁机的种类更是繁多，有各种功能、各种刀具、各种容器。选择上除了注意是否能达到想要的功能，更要注意刀具的旋转是否安全，避免选购到可能存在割伤危险的产品。

使用要点

● 不要连续工作

对于榨汁机，要特别注意其铭牌中是否规定了工作时间和间隔时间。因为大部分榨汁机都属于短时工作器具，即规定了额定的工作时间，特别是规定了间歇时间，例如：工作5分钟，间歇5分钟。如果不按其额定间歇来暂停榨汁，将引起榨汁机自动保护停机。使用者会误以为它坏了，可过一会又正常了。这是因为电机过热，引发了热保护，一般它是自复位的，这是一种警告，提醒使用者不要连续榨汁。

● 切勿碰触旋转刀头

很多食物加工器具是带有旋转件的，例如榨汁机，但它的刀头是隐藏起来的，只有封盖完全的时候，才会通电旋转。不要故意去触动位置锁定开关，人为使其通电旋转，那将会割伤手指。

维护要点

● 浸水清洗时要小心

榨汁机、豆浆机等都有明确的标识，表明哪些部件是不可以浸水清洗的，即使冲洗时，也要注意不要让水流入工作时需要通电的部件，所以清洗要十分小心。如果不慎进水了，怎么办？一定不要通电，如果你会拆解，打开它，晒干。如果你不会拆解，也将它放到阳光通风处，放置24小时以上，最好中间旋转它的放置角度，充分散湿，然后再通电试用。如果你有电笔，可以先用电笔检查外壳是否带电。如果仍不能工作，只能送去维修了。

(7) 面包机、和面机

QB/T 4135—2010《家用和类似用途全自动面包机》，这是面包机的产品标准，其中规定了许多面包机的性能要求，例如：噪声不大于65分贝；面包烤色效果要符合相应深、中、浅要求；搅面团要成团状；面包烤好后要易于倒出；平均无故障工作时间应不低于300个面包的制作时间。与食物接触的材料要符合相应的卫生标准要求。

选购要点

● 面包机、和面机除了注意选择使用功能是否达到你想的要求外，也要注意其功率大小，太大的面包机与其他电器一起工作时，可能会导致掉闸断电。

● 特别注意和面机的刀具是否旋转足够慢、边缘足够钝。

使用要点

● **切勿碰触旋转刀头**

　　面包机、和面机的旋转刀具是暴露在外的，这种旋转刀具一般转速比较缓慢，万一触碰到，来得及抽手，但也要在使用时小心谨慎，最好不会碰触它！万一发生了卡滞，将是十分危险的。

● **电源线不要贴附在金属表面上**

　　这种带电热功能的食物加工器，它们的电源线一般为PVC材料制成，不能达到耐高温的效果。所以要特别注意，在使用过程中，电源线不要贴附在机体上，特别是金属外壳部分。

维护要点

　　经常检查电源线是否被烤坏，如发现异常，应立即停止使用，更换新电源线。

(8) 净水机

　　QB/T 4143—2010《家用和类似用途超滤净水机》、QB/T 4144—2010《家用和类似用途反渗透净水机》，这是涉及净水机质量要求的标准，从标准名称可以看出，这是市场上主流的两种工作原理的净水机，一种采用超滤作为主要净化手段；另一种采用反渗透方法。

　　超滤的定义是：以压力为驱动力，分离相对分子质量范围为几百到几百万，膜孔径约0.001微米~0.2微米的物理筛分过程。

　　反渗透的定义是：在膜的进水一侧施加比溶液渗透压高的外界压力，只允许溶液中水和某些组分选择性透过，其他物质不能透过的过程。这种膜由特定的高分子材料制成，具有选择性和半透性。

　　两种净水机共同的性能要求包括：出水量；总净水量；净水流量；卫生要求；净水水质要求；噪声不能超过50分贝。而针对反渗透式，还有特定物质去除率；脱盐率不小于90%；回收率不小于30%；控制阀门寿命不低于10万次；泵能连续运转2000小时；启停10万次。

选购要点

● 分类及其原理：纯水机、净水机

　　纯水机，有很强的过滤功能，有些使用逆渗透原理，制出几乎不含任何杂质的水，甚至没有矿物质。而净水机没有这么强的过滤能力，能保留水中的矿物质。所以，请根据自己的需要选择。

使用要点

● **制水时的废水收集**

　　制水时由于原理不同、品牌不同，产生的废水比例也不同，有1:1的，也有1:3的，也就是说喝10升水，浪费了30升水。为了减少浪费，可以将废水管接到水桶中，在制水的同时，盛接废水，作为其他生活用水。

 维护要点

● **定期更换滤芯**

　　安装上净水机或纯水机，并不是从此万事大吉了，一定要坚持按说明书要求的周期，更换滤芯。滤芯也分级，有的分三级，有的分四级。每一级滤芯的功能不同，更换周期也不同，一定要像定期保养汽车一样，定期保养净水机，否则它会产生二次污染，不能喝出健康来！

未定期更换

(9) 洗碗机

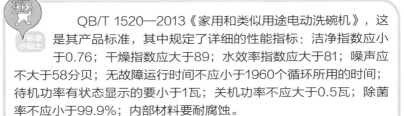

QB/T 1520—2013《家用和类似用途电动洗碗机》，这是其产品标准，其中规定了详细的性能指标：洁净指数应小于0.76；干燥指数应大于89；水效率指数大于81；噪声应不大于58分贝；无故障运行时间不应小于1960个循环所用的时间；待机功率有状态显示的要小于1瓦；关机功率不应大于0.5瓦；除菌率不应小于99.9%；内部材料要耐腐蚀。

选购要点

洗碗机一般价格不菲，功能也多种多样，选择以个人需要而定。但要特别注意功率，10安培的插座只能选2200瓦以下的机器，而2200瓦以上的机器有相当的比例，需要接16安培的插座，而一般厨房很少配备16安培的插座（俗称空调插座，插孔间距比10安培的插座大，插孔也大一些，最高可达3520瓦）。

使用要点

● 接地

洗碗机和洗衣机一样,因为有水电分离的问题,所以要特别注意其接地完整性,保证接地良好。一旦发生漏电,电流可以顺利地通过地线流走,且驱动墙上的漏电保护器可及时切断电源。如果接地不通,将导致危险。

维护要点

● 定期清洁

定期清洁，减少污垢和水垢，可有效地延长洗碗机寿命，保证在你淘汰它之前都能安全使用。

(10) 饮水机

GB/T 22090—2008《冷热饮水机》，这是其对应的产品标准，其中规定了许多性能要求，例如：热水出水温度应不低于90℃；冷水出水温度对于压缩机制冷的不高于10℃，对于电子制冷的不高于15℃；当次出水量不少于0.2升；出水阀流量不小于0.8升每分钟；水路和制冷系统要有足够的密封性，且制冷水路中不能出现冰堵现象；噪声不能大于50分贝；有防止儿童开启热水而烫伤的装置；与水接触的材料要符合相应的卫生标准要求。

选购要点

● 饮水机种类繁多，一般包括加热和制冷功能。

● 加热的方式一般有两种：一种是内置的加热杯，按龙头出热

外置水壶　　　　　　　　　　　内置加热杯

水，它不能把水煮沸；一种是外置水壶，它可以把水煮沸，所以比较推荐外置水壶的方式。

● 制冷的方式也分两种：一种是压缩机制冷，和冰箱类似，功率较大，制冷较快；一种是电子制冷，功率小，制冷慢。家用后者即可满足要求。

 使用要点

● **防干烧**

虽然产品在型式试验中都进行过干烧试验，但长时间使用后，其保护元件也可能失效，为了减少危险产生的可能性，要由人本身来注意减少干烧的次数，减少该元件的动作次数，保证它的正常工作寿命。

● **接地**

饮水机也有水电分离的问题，所以要特别注意其接地完整性，保证接地良好。一旦发生漏电，电流可以顺利地通过地线流走，且驱动墙上的漏电保护器可及时切断电源。如果接地不通，将导致危险。

 维护要点

● **定期清洁**

一定要像保养汽车一样保养这些为你工作的电器。有的饮水机有臭氧杀菌功能，要按说明书要求，定期启动，以减少细菌的滋生，使得喝的水更健康。最好购买电水壶式的饮水机，它便于清洁保养，且能将水加热至沸腾，不会总喝温吞水。

(11) 电磁灶

GB/T 23128—2008《电磁灶》，这是电磁灶的产品标准，其中规定了若干性能要求，例如：对高低温高湿环境的适应性要求；倾跌性能；能辨别未放置锅具或放置了不适合加热的锅具的自动关机功能；功率应可进行调节；热效率要高，小于1200瓦的不得低于82%，大于1200瓦的不得低于84%；会识别被加热件的大小，对于小物件不得进行过分加热，其温度应小于50℃，识别出的大物件应能正常启动加热功能；噪声不能太大，对于一般家用单眼灶小于2000瓦的，不能大于62分贝；应能连续工作不小于1.5小时；要有卸载能力，即当锅具快速离开，电磁灶不能损坏；温度上限要求，即加热最高温度不能超过240℃；待机功率不能大于5瓦。

选购要点

电磁灶的功率一般较大，在1500瓦左右，需要单独使用一个10安培的电源插座供电。

使用要点

● 使用过程中，锅体要轻拿轻放，避免猛烈撞击导致灶面破裂。虽然在CCC认证中的型式试验里已经进行了相关的试验，但这也只是在一定程度内的试验，并不能保证它能承受更大的冲击。

● 它的加热原理是近场高频电流驱动放在电磁炉上面的导磁性锅体内产生无数的小涡流，使锅体快速升温。所以有的锅放上去，电磁灶的灯会闪啊闪，表示它无能为力，因为你放错锅了。

维护要点

注意保持清洁，特别是溢水后要及时断电清洁，等晾干了再使用。

(12) 吸油烟机

GB/T 17713—2011《吸油烟机》，该标准规定了详细的性能要求，例如：风量不小于10立方米每分钟、风压不小于100帕斯卡、全压效率不小于15%；噪声不大于72分贝；可调速，有照明； 对于气味降低度应不小于90%，瞬时气味降低度应不小于50%；油脂分离度应不小于80%；有不沾油的涂层等。

 选购要点

● 吸油烟机主要分中式和欧式两种，欧式显得更美观，中式则更实用。这要从使用者的习惯来选择，经常爆炒的家庭还是选择中式的吧!

● 有带自动感应器的吸油烟机，它可以在感受到油烟、蒸汽时自动启动，而且在微量燃气泄漏时人们还没有闻到的情况下，先感知危险，并及时启动，排除危险，是个比较好的选择。

 使用要点

先按说明书要求进行安装，安装的高度一定要适当。过高，吸力差，效果不好；过低，有人炒菜时追求掂勺的火苗，可能导致烤化烟机塑料件。

 维护要点

● **保持清洁**

烟机最大的问题就是清洁，当过滤网被油污堵塞时，吸油烟效果将大打折扣。电源线被油污浸渍，将导致加速老化，影响绝缘性。

14. 个人清洁护理用家电产品

主要包括：电热水器、电吹风、直发器、按摩器、电热暖宝、烘脚器、电子坐便器等。

(1) 电热水器

　　GB/T 20289—2006《储水式电热水器》、GB/T 26185—2010《快热式热水器》，这是常见的两种电热水器的产品标准，分别规定了详细的性能要求。在储水式电热水器标准中规定了厂家应明示安全使用年限；加热效率应不低于90%；24小时固有能耗系数经试验计算后不能高于标准要求的1.0；卧式热水输出率不低于50%，立式不低于60%；温度显示误差不超过5℃；内胆要承受8万次脉冲压力试验。快热式热水器标准中规定了加热效率不低于92%；出水温度应能保持稳定；对水质硬度应有适应能力；能在20秒内快速进入稳定加热状态；要承受5万次脉冲压力试验。

选购要点

● **快热式和储水式，选哪一个？**

　　有个大水罐的叫储水式热水器，没有的叫快热式热水器。如何选购呢？储水式热水器的功率一般在1200瓦～2000瓦，而快热式热水器则一般在6000瓦以上（知道它为什么快了吧？功率大呀！凉水一过就变热水了）。如果你家里的电表和电闸只有20安培，则最多支持全家同时用电到4400瓦。所以，一般住宅是不能安装快热式热水器的，除非建楼时专门提供了供电电路。

● **保温层**

　　保温层越厚的热水器越节电，但它的体积会明显大一些。如何判断呢？加热一罐热水后，1小时后，摸摸它的外壳是否热。如果很热，说明保温效果不好，散热太严重了，即需要反复加热，浪费电钱！不如购买时多花些钱，买一个保温层厚的热水器。

 使用要点

● **安装承重**

　　安装时，一定要确定电热水器安装在承重墙上！有的消费者不

听安装工人的建议，坚持安装在自认为美观的非承重墙上，这就藏下了脱落砸伤自己的隐患！同时也要注意观察工人是否安装了所有厂家提供的螺钉。有的工人只固定上端，不固定下端，这破坏了厂家的安装受力设计，也可能导致砸伤危险。总之，为了自己的安全，一定要小心！

● 水电分离的方式

不同的加热方式所对应的水电分离方式也不同。如电热管加热方式依靠电热管中的填充物来隔离水与电；电热膜的加热方式依靠玻璃管来隔离水与电。电热膜的方式有加热快的特点，但它的危险性会比较高，一旦玻璃管破损，水会带电，接地位置选择不好的话，可导致电击伤害。

无论哪种加热方式，都会因为水垢使得加热能力随使用时间下降，危险性随使用时间增高，所以为了保证生命安全，应定期更新热水器，一般为8年～10年。当它加热时，砰砰作响了，证明其水垢已经相当严重，需要换新的了。

 维护要点

● 漏电保护器

很多电热水器的插头都是一个很大的家伙，它里面包含了漏电保护器。万一出现漏电的情况，它将快速启动，切断电源。值得注意的是，应定期检查它能否正常工作，比如每个月，接压一下上面的小凸起按钮，看它会不会动作，如果不会切断电源了，应立即停止使用，请厂家维修人员来检修后才能使用。

(2) 电吹风

QB/T 1876—2010《家用和类似用途的毛发护理器具》，毛发护理器具包括：电吹风、带热风的毛发定型器具、电热卷发器、直发器等。在这个产品标准中对电吹风规定了诸多性能要求，例如：出风口温度应不高于100℃；噪声不超过82分贝；干燥速率不小于3克每分钟；电源线长度不小于1.6米；无故障工作时间，对于直流电机的要达到150小时，交流电机要达到500小时。

选购要点

● 电吹风功率比较大，要选择功率适中的产品。

● 现在有带恒温功能的电吹风，推荐选择，以免过热烫伤。

使用要点

● 漏电保护器

电吹风的说明书中都有这个提示，要求在供电系统中要有漏电保护器，请注意自家的电闸通路，其中应至少通过了一个带漏电保护器的开关。

● 带入浴室使用，落入浴缸有危险

电吹风的说明中有这个提示，不能带入浴室使用。如果你住宾馆，会发现，电吹风一般放到房间梳妆台的抽屉里了，不再像以前一样放到浴室里了。为什么？因为浴室内洗浴后过分湿热的空气是导电的。为了减少电击伤害的危险，请不要在浴室里浓浓的雾汽中使用电吹风。如果你非得坚持在浴室使用的话，请先开门或开窗通风，待雾汽消散后，再使用它。

而且要注意，插在插座上后线缆的长度，防止电吹风落入水盆或浴缸中，如果发生这种情况，将是万分危险的，就只能靠漏电保护器动作来保命了！

● **不宜反复缠绕电源线**

电源线虽然是软线，可以缠绕，但仍不宜频繁缠绕。因为电源线里面是多股的细铜丝，缠绕可能导致细铜丝断开，刺穿绝缘皮，不经意间的触摸可导致电击危险。此问题最严重的是宾馆酒店，每天服务员都认真地缠绕收纳电吹风，其实更不安全，虽然该电源线也经历了上万次的试验，但这样做仍可视为加速老化试验。

● **不宜反复折叠手柄**

可折叠手柄的电吹风，也不要频繁折叠手柄，原因同上。

 维护要点

经常检查电源线是否有破损，如发现问题，应立即停止使用，更换新电源线。

(3) 直发器、卷发器

QB/T 1876—2010《家用和类似用途的毛发护理器具》，在这个产品标准中对直发器、卷发器规定了诸多性能要求，例如：加热部位的温度不大于240℃且温度均匀，温差不超过50开尔文（1开尔文=1℃）；中心温升达到100开尔文所需时间不超过5分钟；电源线长度不小于1.6米。

 选购要点

此类产品良莠不齐，尤其是在批发市场里，质量堪忧。应选择正规厂家的产品。

使用要点

● **PTC元件的功率特点**

很多直发器、卷发器使用的是PTC发热元件，即正温度系数发热元件。它的特点是，随着温度的升高，其电阻会增大，功率会逐渐降低，然后达到一个稳定的低功率状态。这有很好的控温和节能的作用。

● **握持部位的温度**

一定要注意握持部位，因为允许握持的部位的温度才是合格的，不会烫伤你的手。而加热面因为功能的需要，是高温危险的。

维护要点

经常检查电源线是否有破损，如发现问题，应立即停止使用，更换新电源线。

(4) 按摩器

GB/T 26254—2010《家用和类似用途保健按摩垫》、GB/T 26182—2010《家用和类似用途保健按摩椅》、GB/T 26206—2010《注水式足部按摩器》、QB/T 4412—2012《手持式电动按摩器》、QB/T 4414—2012《循环运动按摩机》、QB/T 4704—2014《腿脚按摩器》，以上标准都是不同种类按摩器的产品标准，最常见的按摩器具都属于GB/T 26254范围内，它的定义是采用电能驱动，依靠机械、气袋、电磁和电热等作用对人体部位进行按摩的垫子。该标准中规定了诸多性能要求，例如：噪声要小，带捶击功能的不大于65分贝，不带此功能的不大于60分贝；按摩速率应控制在一定范围内；气动的产生压迫功能的气压应不大于48千帕。

 选购要点

● 因为按摩器不在CCC认证范围内，所以各种产品鱼龙混杂，有些厂家没有认真执行相关国家安全标准。应注意选购正规厂家的产品。

● 绝缘结构要合格，尤其是软体柔性的。柔性的按摩器，现在特别流行，因为它可以随着人体的曲线，按摩颈椎、肩头等位置。但正因为它的柔性，也带来了安全风险。有些按摩器内部带电件仅通过一层泡沫和一层面料来提供绝缘，是十分危险的！

 使用要点

● **间歇工作**

按摩器因为也有电机，所以也有过热保护的情况，要注意阅读说明书的要求，按规定的周期工作和休息，以保证使用的安全和长久。

![维护要点图标] **维护要点**

● 注意检查运动部件，不会卡住电源线等危险带电件。

● 经常检查电源线是否有破损，如发现问题，应立即停止使用，更换新电源线。

(5) 电热暖宝

此类产品现在还没有国家或行业的产品标准，一般安全性要求按照GB 4706.1—2005《家用和类似用途电器的安全　第1部分：通用要求》中的安全标准执行。目前没有适用的性能标准。

 选购要点

● 因为该类产品不在CCC范围内，所以各种产品鱼龙混杂，有些厂家没有认真执行相关国家安全标准。应注意选购正规厂家的产品。

● 过分便宜的产品，很难做成合格产品。所以要选购合格产品，不可贪图便宜！

● 下图是一个使用3年的电极式软外壳液体加热暖宝，因电极溶解成针状，刺穿了软外壳，带电件直接暴露在外，成为可触及件，且有扎伤危险。图中泥沙状的是电极溶解在导热液体里的残留物。

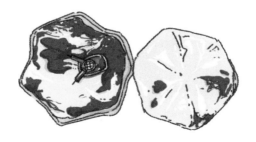

 使用要点

● **爆炸危险**

电热暖宝这种产品因其方便性而颇具市场，但其不合格率相当高。由于其柔性外壳、液态加热的特点，导致绝缘不易实现，且有过压爆炸的危险。所以在插电加热的过程中要特别注意观察，一旦发生异响，应立即断电，切不可放任其发展。

● **防止低温烫伤**

　　给对温度感觉不敏感的人群使用它的时候，要注意观察并时常更换位置，以免造成低温烫伤，像温水煮青蛙的结果。

维护要点

　　● 注意检查通电的插接件是否松动，电源线是否有损伤。

　　● 自动感温断电装置是否起作用。

(6) 烘脚器

此类产品现在还没有产品的国家标准或行业标准，一般安全性要求按照GB 4706.1—2005《家用和类似用途电器的安全　第1部分：通用要求》中的安全标准执行。目前没有适用的性能标准。

 选购要点

● 此类产品种类繁多，要注意选择正规厂家的产品，以免造成电击或着火危险。

● 有些木质外观的产品大量使用了自攻螺钉，要注意检查这些螺钉尖头是否有划伤危险。

 使用要点

● **红外线灼伤**

烘脚器的工作原理是靠红外线辐射到人体，人体吸收红外线后产生温暖的感觉。但一定要注意使用时间，如果每次使用时间过长，超过了说明书规定或产品定时器设定的最长时限，没能烤成像小麦色那样的健康色，反而可能导致皮肤过度辐射而受伤。

 维护要点

经常检查电源线是否有破损，如发现问题，应立即停止使用，更换新电源线。

(7) 电子坐便器

GB/T 23131—2008《电子坐便器》，这是其产品标准，其中规定了产品的分类和性能要求，例如：电子坐便器可分为两类：一类是贮热式，即带有热水箱的；一类是快热式，由大功率电热元件直接加温冲洗。适用的水压范围要广，从0.07兆帕～0.6兆帕均可正常启动。清洁率不低于95%。每个工作周期耗电不能大于0.1千瓦时。喷水流量不大于1.2升每分钟。整机寿命不少于5000次。

选购要点

● 自动冲洗电子坐便器，俗称马桶盖，起源于日本，现在很多人从日本采购回国使用，认为这是日本人用的，更高级，更安全，

其实不然。因为日本的电压是110伏，所有220伏的电器都属于出口产品，不是给日本本国人使用的。从日本直接买，也是买的出口中国的产品。

● 注意根据当地水质决定是否采购带有过滤器的产品。带有水过滤装置的产品，将有效地延长加热管的使用寿命。

 使用要点

● 很多电子坐便器都带有8小时节电按钮，当按下它后，8小时内不会加热，达到节电的效果。

● 也有很多电子坐便器自动记录人们每天使用的时间，在该时间之前提前预热，保证使用时的水温不凉。

 维护要点

● **漏电保护器**

该产品也存在水电分离的问题。在电子坐便器的按钮上有一个漏电保护器测试按钮，要定期按压，来检查其是否动作切断电源，如果不能断电，请及时检修。

● **保持清洁**

除了保持表面的清洁，也要保证供水的清洁。例如，停水后，再次供水会比较混浊，此时不要使用电子坐便器，防止使用污水洁身，也防止污水进入水箱而污染水箱，减少其使用寿命。

● **定期更换滤芯**

如果带水过滤装置，应定期更换滤芯。

15. 信息处理类产品

信息处理类产品标识一览表

产品名称	CCC标识	CQC标识	能效标识	节能标识
手机	有	无	有	可有
笔记本	有	无	无	无
台式计算机	有	无	有	可有
投影仪	有	无	无	无
打印机	有	无	无	无
电源适配器	有	有	可有	可有
电池	无	有	无	无

(1) 手机

　　手机产品有很强的特殊性，我国现行的制式众多，例如GSM、CDMA、CDMA2000、WCDMA、TD-CDMA、TD-LTE、FDD-LTE等，每种制式的手机都要求其符合相应制式的性能、协议和可靠性要求，国内外标准包括YD/T1214、YD/T1215、3GPP、3GPP2等，主要检测项目有频偏、相偏、误码率、呼叫损失率、耐久性等。另外，手机产品还要通过型号核准试验、CCC型式试验、入网许可试验等严格的试验后，才能上市。

选购要点

　　● 智能手机的选购除了厂家主推的高处理器、高GPU（图形处理器）、高分辨率等，还尤其要注意SAR值。

　　● SAR值是什么？消费者从哪里获得这个数值？

　　手机辐射使用SAR值来定量，SAR代表生物体(包括人体)每单位千克容许吸收的辐射量，是最直接的测试值，是指辐射被人类头部或胸部软组织吸收的比率，单位是瓦每千克。但这并不表示SAR等级与手机用户的健康有直接关系。

　　　　我国国家标准GB 21288—2007《移动电话电磁辐射局部暴露限值》规定SAR值不得超过1瓦每千克。SAR值越低，辐射被吸收的量越少。同时该国家标准明确规定，手机说明书中要写明SAR值的大小和采用标准。

使用要点

● **减小接听电话时SAR值的小技巧**

①手机话筒与脸颊成15°角，经试验证明可以减小5倍的SAR值；

②使用耳机接听。

③使用"免提"接听。

● **选择适宜的充电器给手机充电**

现在的充电器都是USB接口的，随便拿一个给手机充电。充电一段时间以后，用手去摸充电器、充电线，有的充电器、线很烫手；有的温度可以接受。这是由于充电器的输出电压电流跟手机不匹配。充电器输出小就会造成烫手，严重的会引起着火，是必须注意的。举个形象的例子，就跟小马拉大车似的，最终小马一定会累死。

维护要点

● **手机电池的选择要谨慎**

电池会储存很大的电能，有很大的爆炸着火危险。为了防止发生这些危险，原装电池都经过认证，检测机构会模拟电池正常使用中出现的各种情况，比如充一晚上电、手机摔地上、挤压、运输、浸水等。所以电池出现问题要去手机厂家送修更换。不要贪图便宜购买未经检测、认证的非原装电池。

(2) 笔记本电脑，Pad

GB/T 9813—2000《微型计算机通用规范》，这是其产品标准，其中除了规定安全和电磁兼容之外，对计算机的性能提出了要求，其中包括硬件要求、软件要求、多媒体要求、结构要求、文档要求。还对汉字字形、字符集、汉字输入法、汉字词库等中文信息处理功能作出了规范，以保障我们在使用中的规范化和熟悉度。

选购要点

● **按需求购买**

盲目地追求高配置是永远跟不上此类产品的更新换代的。在使用三五年以后内部元器件也会老化，所以应按照自己的需求（比如主要是用来办公、上网、游戏等）进行合理的选择。

● **节能，能效指标是选购的要点**

电脑都是长时间运行，甚至24小时不关机。消耗的电能极其庞大。所以对电脑提出了"必须是节能的"这一基本要求。国家标准中对电脑的开机、待机、关机三种状态进行了能耗的测试。满足2级能效指标的属于节能产品。能做到1级能效指标的就更加省电。

使用要点

● **不要边抽烟边用笔记本打字**

不少使用者边抽烟边使用笔记本，时不时用夹烟的手去敲打几下键盘，导致烟灰进入键盘里面，影响键盘的使用，更有甚者，把尚未熄灭的烟头掉到键盘上，导致键盘烫坏。

● **给边喝饮料边工作的朋友的建议**

——把杯子放在比笔记本电脑位置低的地方。

——把杯子放在笔记本电脑的左侧，离得越远越好。

——尽量使用较矮的杯子，根据物理学的原理，物体的重心越高越容易倒。

● **不要戳戳点点液晶屏（LCD）**

——显示屏的表面涂有一层特殊的涂层，它能使屏幕显示得更清晰。而这层涂层只有区区几微米，若长期用手指甲或是其他硬物指点LCD，会造成这层物质受到损伤，从而大大影响屏幕的显示效果。

——笔记本电脑的屏幕是一种液晶材料制成的，可能由于我们的按压导致按压处的液晶产生移动，从而导致亮点、暗点、坏点等出现，影响屏幕的视觉效果。

● **保留足够的散热空间**

建议大家给笔记本电脑周围至少留下15厘米的距离，让其散热口能正常出风。

维护要点

● **键盘保养**

——不要对键盘发脾气。很多计算机用户在死机后由于自己工作成果丢失，都忍不住会砸键盘几下出口气。这样做会对键盘按键中起支撑作用的软胶造成损坏，时间长了就会出现按键按下去弹不上来的问题。

——保持键盘的干净。可以购买一种笔记本电脑键盘专用的软胶，这种软胶上面有很多凹凸不平的键位，正好能够覆盖到笔记本电脑的键盘上，既可防水、防尘，又可防磨。定期用清洁布清除键间缝隙内的灰尘也是很必要的。

● **接口保养**

当然对于笔记本电脑的各种端口，比如PCMCIA卡口、VGA接口等，在不使用时尽量将其用专用的扣盖或空卡封住接口，以免灰尘从这些地方进入主机。同时，在携带笔记本电脑外出时也应尽量拔掉这些扩展连接设备，以免它们被硌到，导致接口松动、扭歪甚至折断。

● **延长电池的使用寿命**

——尽量让电池用尽后再充电，充电一定要充满再用。虽然说现在的笔记本电脑都使用锂电了，记忆效应减弱，但不良的使用习惯仍会使其寿命变短。

——不要在下雨天给电池充电。下雨天经常会打雷，雷击所造成的瞬间电流冲击对电池来讲是极为不利的。

——定期进行电池保养：如果您保证不了每次都把电池用到彻底干净再充电，那么至少应1个月为其进行一次标准的充放电(即充满后放干净再充满)。

(3) 台式计算机

与笔记本电脑，Pad适用于同一产品标准——GB/T 9813—2000《微型计算机通用规范》。

选购要点

选购要点亦大致与笔记本电脑、Pad相同，可参照本题"（2）"中的相关内容。

使用要点

● 电源插头上有三个金属片，最长的那个必须可靠连接

有的人家里插座只有两个孔，所以会把这个金属片掰掉来使插头能插到插座里，这是非常危险的。最长的金属片是接地线，台式机都是金属外壳，此外壳都是跟这个插脚连接在一起的，一旦发生漏电，将通过接地线把危险电流导走，而不会经过人体造成触电危险。

维护要点

● 定期清理灰尘

正常使用的环境中灰尘较多。一段时间以后电脑通风孔会吸进大量的灰尘，在电路板上堆积。长时间不做清理，有可能降低电脑性能，更严重的则会发生元器件短路，导致烧毁主板、电源等。可以使用废旧牙刷、纸巾、软布、电吹风、医用酒精、橡皮擦、高压喷雾等定期对电脑通风孔和电路板进行清理。

(4) 投影仪

JB 6830—2013《投影仪》，该标准中规定了投影仪的各种性能指标，例如：光学零件的表面不应有擦痕、气泡、麻点等瑕疵。投影物镜的放大率有10X、20X、50X、100X（即放大10倍、20倍、50倍、100倍）。在放大倍数达到的情况下要求分辨力强，光照亮度够，不能放大后全部模模糊糊的。亮度、分辨率、放大尺寸也是消费者最关注的地方。

常用电器质量与安全

选购要点

● **选择多少流明亮度的好？**

主要看放映环境的照度和屏幕的大小。照度越高，屏幕尺寸越大，就需要更高的亮度。

从放映环境来看，通常起居室需要1000流明或以上，即使在白天，亮度也不会太受影响。专业放映环境（室内灯光可控制，没有环境光)需要800流明或以上，对亮度的要求相对于可从窗户等产生环境光的环境更低一些。

屏幕选择上最好使用16:9的屏幕，通常80英寸～100英寸的屏幕需要800流明亮度，100英寸～120英寸的屏幕需要1000流明亮度，120英寸以上的屏幕需要1300流明或以上亮度。

> 小知识链接：流明（lumen，符号lm）是光通量的国际单位。光通量反映的是单位时间内光源辐射产生的视觉响应的强弱。如一个40瓦的普通白灯泡，其发光效率大约是每瓦10流明，因此可以发出约400流明的光。

使用要点

● 投影仪与电脑等信号源应匹配

投影机与电脑要分别插到不同的电源插座上。这样可避免由于电脑信号源和投影机电源不共同接地造成的影像不稳定以及条纹现象。

将信息源的分辨率和投影机的分辨率设置为一致，才能还原出更好的画面。

● 正确开关投影仪

投影仪在长时间使用的情况下投影灯泡会散发出一定的热量，如果不完全散热对投影灯泡的损害是非常大的，也会直接影响到投影机的使用寿命。所以正确开关机顺序对于投影机来说是非常重要的。

正确开机顺序：

步骤① 先将投影仪电源按钮打开；

步骤② 再按下投影仪操作面板上的开机按钮；

步骤③ 等到闪烁的绿色信号灯停止闪烁时，开机完成。

正确关机顺序：

步骤① 先按下关机按钮，直至屏幕出现是否真的要关机的提示；

步骤② 再按一下关机按钮；

步骤③ 投影仪控制面板上的绿色信号灯开始闪烁，随后投影仪内部散热风扇完全停止转动、绿色信号灯停止闪烁；

步骤④ 再将投影仪关闭，切断电源。

● **墙壁安装使用配套支架**

常见的安装方式是固定在天花板上。若安装不牢靠，或支架承重能力差，均会有跌落砸到人的隐患。配套支架经过4倍投影仪重力承重试验，其螺钉也经过拆装10次的扭矩试验，可有效避免隐患的发生。

 维护要点

● **清洁镜头**

投影仪镜头的干净与否，将直接影响投影屏幕上内容的清晰程度。屏幕上出现各种圆圈或斑点时，多半是投影镜头上的灰尘"惹"的祸。同时，投影机镜头非常娇贵，在不用时需要盖好镜头盖避免粘落灰尘。另外，清洁投影机镜头时绝对不能使用普通的有机溶剂，它对镜头会产生腐蚀作用。一般情况下，用中性的清水就可以了。其次，擦拭的用具也最好用清洁光学用品专用的无尘布或者无尘纸。

(5) 打印机

GB/T 9312—1988《行式打印机通用技术条件》、GB/T 17540—1998《台式激光打印机通用规范》、GB/T 17974—2000《台式喷墨打印机通用规范》、GB/T 29267—2012《热敏和热转印条码打印机通用规范》、HJ 2512—2012《环境标志产品技术要求 打印机、传真机及多功能一体机》，打印机种类很多，涉及针式、喷墨、热敏、激光等打印方式。各种方式应用的领域不同，但总体功能全都是打印。上述标准中规定的内容都有共通性。以应用最广的激光打印机为例，规定的性能指标包括：打印精度的确认（对歪斜度、直线度、对齐度的测试方法）；打印速度的要求（越是高速对打印机的负荷越重，相应的打印机品质要更高）；图像密度越密、越均匀，打印的画面质量越好。另外有关环境污染问题，在HJ 2512中有详细的测定方法（TVOC）和限值要求；此外，在使用中应注意房屋面积和通风。

选购要点

● 打印机分为针式打印机、喷墨打印机、热敏打印机、激光打印机。选购时应按照打印的内容来购买。

● 打印机的打印速度有高低之分，可以按照打印量的多少，来合理地选择购买。

● 节能，能效指标也是选购的要点。打印机一般都是待机运行中，一旦有打印任务马上启动打印，那么就对能耗提出了要求。国家标准GB 21521—2014《复印机、打印机和传真机能效限定值及能效等级》中对打印机的典型打印模式和待机模式进行了能耗的测试。满足2级能效指标的属于节能产品。能做到1级能效指标的就更加省电。

使用要点

● **正确装纸**

　　第一，在向纸盒装纸之前，应将纸捏住抖动几下，以使纸张页与页之间散开，以减少因为纸张之间的粘连而造成的卡纸，尤其在一些湿度较大的阴雨天更应如此。

　　第二，安装纸盒额定容量的80%～90%的纸量。

　　第三，注意打印介质的质量。激光打印机的精度比较高，因此对打印介质比较敏感，一些质量较差的打印介质往往会出现卡纸的现象。

● **适时切断电源**

　　打印机长时间不用时，请把电源插头从电源插座中拔出。

● **远离打印机，或单独设置打印空间，避免粉尘污染**

　　白纸进入打印机通过激光扫描、喷墨定影，之后就会得到我们

需要的文字、图片等内容。这个过程会有墨粉泄漏在空气中形成粉尘污染。长期生活在这个空间中将导致肺部疾病。

 维护要点

● **保持激光打印机自身的清洁**

关键在于除尘。对于激光打印机来说，粉尘则来自两个方面：外部（空气中的灰尘）和内部（打印的碳粉颗粒残留物），均会影响到激光打印机的正常使用。

外部清洁：打开打印机的机盖，取出硒鼓，再用干净柔软的棉布轻轻地来回擦拭滚轴等一些相关的部位，擦去小纸屑和积累的灰尘，可以根据实际情况在布上粘上少许的水。同时需要注意的是，在绝大多数的激光打印机上都安装了臭氧过滤器，臭氧过滤器至少应该一年更换一次，以保持过滤器的清洁。

内部清洁：使用清洁纸。清洁纸的外形和普通的打印纸没有什么区别，它具有很强的吸附功能，使用时将它放入纸槽，选择打印一份空白文档，让清洁纸到打印机内部正常运行一次，清洁纸会粘走滚轮和走纸道上的粉尘，基本上3次～5次便能完成清洁工作。

(6) 电源适配器

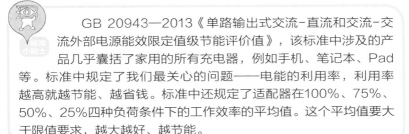

GB 20943—2013《单路输出式交流-直流和交流-交流外部电源能效限定值级节能评价值》，该标准中涉及的产品几乎囊括了家用的所有充电器，例如手机、笔记本、Pad等。标准中规定了我们最关心的问题——电能的利用率，利用率越高就越节能、越省钱。标准中还规定了适配器在100%、75%、50%、25%四种负荷条件下的工作效率的平均值。这个平均值要大于限值要求，越大越好、越节能。

选购要点

● **充电器外形越来越小，插头存在触电危险**

插脚与适配器是一个整体的产品。相关安全标准要求插脚距离外壳边缘6.5毫米以上。这是由于在插入插座的过程中有一个半插合状态，边距小于6.5毫米的，手指有可能碰触到已通电的插脚导致触电危险。

插销离边缘的最短距离

● **购买带"CCC"标识的充电器**

现在市场上还有部分未通过CCC认证的充电器产品在隐避销售，这些产品可能存在安全隐患，所以一定要购买印有CCC标识的产品。

使用要点

● **防止绝缘失效，在充电时不要使用设备**

经常看到新闻说某某手机充电时致使使用者触电身亡。其原因是充电器内部绝缘失效导致手机带电，从而使正在使用手机的人触电死亡。

充电器内部绝缘为什么会失效？第一，充电器的输出小于手机的输入导致充电器长时间超负荷工作；第二，购买的充电器是三无产品。

解决方法：第一，确认充电器的输出大于手机的输入；第二，购买带"CCC"标识的充电器；第三，接触手机前先将充电器拔出或断电。

● **避免潮湿的环境**

电源适配器的作用是将家庭用电的220伏交流电转变为直流电，因此万万不可将其放在潮湿的环境中使用。无论是将电源适配器放在桌上还是地上，请注意在其周围不要放置水杯或者潮湿的东西，以防适配器进水烧坏。

● **高温环境下注意散热**

切记不要在高温下使用电源适配器时间过长，如果必须长时间使用，需要注意它的散热：

——使用风扇在一旁进行辅助对流散热。

——在适配器与桌面之间垫入较窄的塑料块或金属块，以增加适配器周围的空气对流速度，加快适配器热量的散发。

(7) 锂电池

对于电池的质量，我们比较关心的是电池的使用寿命、续航能力以及在低温是否能够开机，GB 18287—2013《锂离子蓄电池》中对电性能（容量、循环寿命、储存性能等）、环境适应性（静电测试、恒定湿热、高低温）等，都做了详细的测试规范。

对于电池的安全性，是否会发生爆炸、燃烧、漏液等关键点，在下面进行详细的探讨。

 选购要点

● **认准认证标识**

经过认证的电池，安全系数很高。认证包括强制性CCC、自愿性CQC、CVC等。

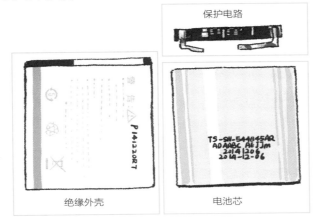

保护电路

绝缘外壳　　　　　　　　电池芯

电池最大的危险就是爆炸。上图是手机电池的结构，分为外壳、保护电路、电池芯。首先，保护电路可防止过度充放电、短路等电气危险导致的能量积累引发的爆炸隐患；其次，电池芯整体是金属外壳包裹，使得爆炸涉及的范围尽量减小；第三，外壳绝缘，杜绝电池芯与其他金属的接触；第四，在电池芯接口处设置泄压阀（见下图），将电池内部化学反应产生的压力排泄出去，进一步减小爆炸危险。

泄压阀

认证型式试验包含大量的测试来验证电池设计的合理性。

——用钢针刺穿电池看是否会爆炸起火。

——将电池放到水里洗涤，看是否会短路爆炸。

——将电池放到超低压的环境中，模拟高空中的飞机货舱低压环境，看内部压力是否会撑爆电池。

——给电池施加13000牛的压力，看是否因形变引起爆炸。

——过充电、过放电，看保护电路设计的合理性。

使用要点

● 不要接触充电中的电池。

● 充电完成及时取出电池。避免过充电。这有可能出现爆炸危险。

● 选用与电池容量匹配的适配器进行充电。尤其注意充电器的输出电压电流不能小于电池的额定值。

● 废弃电池的回收人人有责！在废电池中含有汞、镉、锰、铅等重金属，如果泄漏到自然界可引起土壤和水源污染，最终对人造成危害。使用后的废旧电池应合理地进行回收降解再利用。我们每个人都需要做的，就是把电池放入电池回收箱，这些回收箱只要我们细心一定会在居住的小区等公共环境中找到。

16. 音视频播放类产品

音视频播放类产品标识一览表

产品名称	CCC标识	CQC标识	能效标识	节能标识
电视	有	无	有	可有
有源音箱	有	无	无	无
机顶盒	有	无	有	可有
功率放大器	有	无	无	无

(1) 电视机

　　GB/T 10239—2011《彩色电视广播接收机通用规范》，该产品标准中规定了CRT、LCD、PDP显示器件的电视接收机的技术要求。其中对射频通道、亮度通道、色度通道有详细的规定，对图像显示特性（即失真度、过扫描、亮度均匀性、色度均匀性、白平衡、色温等）也做了详细的规定。

选购要点

● 看对比度和黑色表现力

　　液晶电视在黑色表现力上都有或多或少的劣势，而LED背光源电视能够自动调节LED的亮度水平，拓宽了对比度的表现能力，改善了黑色深度，黑色的表现力更加深邃，因此黑色表现的优势成为好的LED电视的标志之一，在选购时不妨直接对比一下电视对于黑色画面的表现力如何。

● 看色域表现力

　　色域广阔的电视色彩会更丰富、更明晰。

● 看动态画面显示效果

　　屏幕刷新率越高，画面表现越稳定、越清晰。选购时可以找导购来播放赛车、球赛等视频或T台模特秀来进行比较。劣质的电视连模特走路高低起伏的动态画面都难以承受。

● 看接口

　　多媒体片源不断增加，需要接电脑、接DVD、接PS3等，挑选一台内置接口齐全的电视也是很重要的。

● **采购电视时一定要关注能效等级**

国家对于电视的相关能效标准规定为：其等级分为三级，一级最好。同样功率下能效指标越好，说明屏幕亮度越高，可调节范围越大。同时遥控关机近似于断电，基本不消耗功率。

 使用要点

● **壁挂安装牢固可靠**

应使用厂家配套销售的固定安装支架，此支架在认证时经过 4 倍电视重量的承载试验，并由厂家安装人员上门安装，确保安装牢固可靠。有些人图便宜找私人安装，或购买非原厂的固定支架，长时间使用存在电视从墙上掉下来的隐患。

● **台式放置稳定可靠**

台式放置时一定要阅读电视说明书，防止成人依靠、小孩攀趴、宠物爬坐导致电视反倒。应按照说明书将电视底座固定在台面上。

维护要点

● 电视机应放置在散热好、灰尘少和比较干燥的地方。

● 不能靠近火炉、暖气片。电视机的背应与墙壁和木柜等相距 10 厘米以上，以便通风散热。

● 在空气潮湿的地区和霉雨季节，最好每天都开机使用一两小时，用电视机本身散发的热量来驱潮。

(2) 有源音箱

音响属于扬声器的一种，质量优劣最直观地表现在声音的感觉。GB/T 12060.5—2011《声系统设备 扬声器主要性能测试方法》明确了声学的测量方法。在特定的声学环境中，固定好扬声器的位置，并将不需要的声噪声和电噪声降低到尽可能低的水平，测定出声压、响应、声功率、平均声功率、指向特性、幅度非线性（谐波失真率），来判定扬声器的声音性能。

 选购要点

● **"看"**

①机器上有无"CCC"标识。

②整个外型表面是否平滑顺畅，前后壳配合绝对不允许有断差及台阶。

③箱体夹缝处要严密均匀，旋钮插座等与箱体的配合要适中，说明制模、注塑工艺精湛。

● **"摸"**

①旋动各旋钮、开关，看是否有摩擦相碰不顺的感觉，好的电位器应手感顺畅、均匀、阻力适当，手感过轻、过重，或不均匀都是不理想的。

②将各连接线的插头与音箱的输入、输出等插孔试插看是否自然顺畅，过紧则易损坏机器，过松则不可靠。

③用手去敲击箱体，听其发声，声音铿锵有力，说明箱体结实耐用，声音失真就很小，若敲击声有松破感，失真很大，则不宜选购。

④同样体积的音箱，重量越大说明质量越好。

● **"听"**

①将音箱连接完毕，打开电源开关，将各调节旋钮调至最大位置（顺时针），听扬声器发出的噪音，正常情况下，人耳离开音箱子10厘米左右，应无明显觉察，否则为噪音过高。

②最后分别将音量调在最大与最小状态，关机试验。一部好机器，在此时的冲击声（"叭"声）应不明显，若冲击过大，容易损坏音箱，则不宜选购。

● **选择站立式音箱，要确保其稳定**

音箱可能被窗帘挂住，也可能被人碰撞或倚靠。这些都可能造成音箱站立不稳、反倒。万一砸到脚面、砸到小朋友，都是伤害。所以要把音箱固定安装，或者选择底盘大且重的，让这种反倒的危险不可能发生。

 使用要点

● 开关音响电源之前，把功放的音量电位器旋至最小，这是对功放和音箱的一项最有效的保护手段。这时候功放的功率放大几乎为零，至少在误操作时也不至于对音箱造成危害。

● 开机时由前开至后，即先开CD机，再开前级和后级，开机时把功放的音量电位器旋至最小。关机时先关功放，让功放的放大功能彻底关闭，然后再关掉前端设备，这样不管产生再大的冲击电流也不会殃及功放和音箱了。

● 在刚开机半小时内只放一些轻柔的音乐，并用中等音量，待机器热身后再开大音量欣赏。这是因为功放元件刚开机时处于冷状态，这时就让其大电流工作会缩短其寿命。

● 带电插拔有源设备是十分危险的，甚至麦克风这样的无源设备也不提倡带电插拔。

 维护要点

● 音响器材切忌阳光直射，也要避免靠近热源，如取暖器。

● 音响器材用完后，各功能键要复位。如果功能键长期不复位，其牵拉钮簧长时期处于受力状态，就容易造成功能失常。

● 机器要常用，常用反而能延长机器寿命，如一些带电机的部体(录音座、激光唱机、激光视盘机等)。如果长期不转动，部分机件还会变形。

● 要定期通电。在长期不使用的情况下尤其在潮湿、高温季节，最好每天通电半小时。这样可利用机内元器件工作时产生的热量来驱除潮气，避免内部线圈、扬声器音圈、变压器等受潮霉断。

● 每隔一段时间要用干净潮湿的软棉布擦拭机器表面；不用时，应用防尘罩或盖布把机器盖上，防止灰尘入内。

(3) 机顶盒

GY/T 241—2009《高清晰度有线数字电视机顶盒技术要求和测量方法》，这是其产品的标准，其中规定了功能菜单、4:3和16:9的图像格式、高清解码的技术要求、音频视频输入输出格式等，包含了所有消费者对电视机的使用需求。

 选购要点

● **机器上必须有"CCC"标识**

一般机顶盒都是有线电视运营商免费提供，但在运营商安装前应确认产品上是否有"CCC"标识。

使用要点

● **开机要等几分钟才能看到电视节目是什么原因？**

①有上百个电视频道，还有广播信号，都需要逐个加载，所以要等很长时间。

②有线电视运营商对电视节目的储存更新，使得用户能够观看更多、更长时间的电视节目。

③有线电视的用户体验、网络互动点播等也要逐个加载。

如果不想等待，不要关闭机顶盒电源，直接遥控待机。

● **按遥控器的待机钮关掉机顶盒，耗电量为什么仍然很大？**

因为这并不是真正的关机，电视节目、用户体验、固件升级等只是进入了后台运行。耗电量跟开机时基本一样，相当于家里常年开着一个20瓦的灯泡。想要真正节能，必须关闭机顶盒上的开关。

⚒ 维护要点

● 机顶盒应远离磁场

机顶盒的主要组成是磁介质，所以一定要使其远离磁场，否则硬盘会受到磁场的影响迅速被磁化，导致数据丢失。生活中常见的磁场源主要是喇叭、手机、音箱等。此外，有线信号线、视音频线以及机顶盒里的智能卡不要反复插拔，这样也会出现数据丢失等不良现象。

● 避免强烈震动

机顶盒一定要轻拿轻放，以免弄坏硬盘。在使用时要避免强烈震动。根据机顶盒的工作原理，在读写时硬盘磁头和盘片十分靠近，如果使用中受到了强烈震动就会导致硬盘损伤，出现磁盘坏道甚至硬盘报废等现象。所以要保证机顶盒处于平稳的环境。

● 适时维护

擦拭尘埃污迹和充电维护，这些工作都必须在关机或停止使用之后进行。

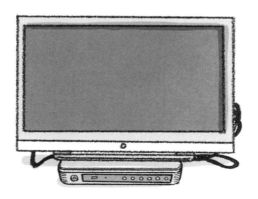

(4) 功率放大器(功放)

标准
小贴士

　　SJ/T 11560—2015《声频功率放大器能效限定值及能效等级　专业用D类》，这是其产品的能效标准，于2016年4月1日实施。该标准规定了专业用D类声频功率放大器及相关能效专业术语、定义、技术要求、采用标准、能效限定值、能效等级、能效测量方法和计算方法等。

选购要点

● **选择适当的配置**

　　音频信号输入端子具有多元化，一般的AV功放都提供有CD、LD、TV、DVD、VCR1、VCR2和CDR等输入端子，有些更提供MD、LP等设备的输入。输出端子的类型和数量也多种多样，光纤、同轴等。要根据自己的音源和播放设备选择适合的功放，不追求过多无用的配置。

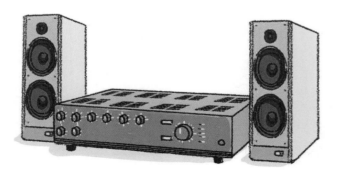

● **性能极为重要**

市场上品牌杂乱，尽量选择一些比较有名的产品。选购时一定要亲自试听。最好带懂得的朋友随行。

在购买前一定要实际操作一次机器，将机器的性能了解清楚。

● **参数看不懂没有关系**

功放是用来还原声音的。首先需要了解的参数是功放的最大输出功率与音箱的最大承受功率，两者必须搭配好，以防不慎烧毁音箱；其次要考虑使用环境大小，功放有一定的输出功率，应确保提供充足电流驱动音箱，防止音箱的推动力不够。

● **音质是最终的需求**

购买功放之前不论你做了多少准备，必须亲自试听，而且最好能将功放和自己选用的音箱系统实地连接起来试听。这是由于功放的声音有一定的个性，与音箱搭配出来的声音未必就一定是好的。

使用要点

● 将功放放在平稳、安全的地方，防止跌落损坏。

● 避免将功放放在电磁干扰严重的地方，电磁干扰会严重影响音质。保持功放和其连接线独立隔离，不要受到其他电器的影响。尤其是要单独供电，不要把功放电源与其他电器混插在同一个接线板上。

● 必须将系统设备良好地接地。因低压配电线路三相负荷不对称，会使中线带电，而接地后，电位为零，这样对提高信噪比非常有利。

● 尽量避免机叠机，因为重叠摆放会导致谐震而影响机器。

● 多方位不同位置试听，确认音箱的摆放位置。

● 昏暗环境有助聆听效果。在漆黑的环境之下，耳朵会特别灵敏，而且减低了视觉上的障碍，对音响画面重组以及乐器的位置感便会格外清楚明确，气氛之佳与开亮灯时更相去颇远，还可以用其他一些比较幽暗的灯光来营造听音氛围。

● 切勿忽略输出端子的警告标识，直接带电连接音频线。 由于人们对高音质的追求，为保证音箱的品质，功放与音箱的音频信号的传输需要的电压超出了安全电压36伏。在工作时直接连线将造成触电危险。所以厂家在接线端子附近标注了触电危险的警告标识，以提醒人们注意。

✂ 维护要点

● 每半年全面清洗一次接点

大家都知道，金属暴露于空气中不久，表层就会有氧化现象，失去光泽，变得暗哑。即使信号线插头表面经过镀金处理已不易氧化，与机身插头又有紧密接触，但长时间的接触，仍然会有一定程度的氧化导致接触不良，所以最多隔半年就要清洁一次。只要用棉花沾上酒精涂抹接点便可以了。

四、消费者维权

17.消费者如何维护自己的合法权益?

按《消费者权益保护法》的规定，有以下五种途径解决纠纷：

——与经营者协商和解，保留证据，据理力争。

——请求消费者协会调解，可以拨打电话12315。

——向有关行政部门申诉，可以向当地工商局投诉。

——根据与经营者达成的仲裁协议提请仲裁机构仲裁，此情况一事一议。

——向人民法院提起诉讼，以上协商均无果，拿起法律武器，保护自己的合法权益。

参考文献

[1] GB 4706.1—2005 家用和类似用途电器的安全 第1部分:通用要求

[2] GB 4943.1—2011 信息技术设备 安全 第1部分:通用要求

[3] GB 8898—2011 音频、视频及类似电子设备 安全要求

[4] GB 9254—2008 信息技术设备的无线电骚扰限值和测量方法

[5] GB 13837—2012 声音和电视广播接收机及有关设备无线电骚扰特性 限值和测量方法

[6] GB 4343.1—2009 家用电器、电动工具和类似器具的电磁兼容要求 第1部分：发射

[7] GB 17625.1—2012 电磁兼容 限值 谐波电流发射限值(设备每相输入电流≤16A)

[8] 电器电子产品有害物质限制使用管理办法（工信部等8部委）

[9] 缺陷消费品召回管理办法（国家质检总局）